新型职业农民书架丛书·食用菌种植能手谈经与专家点评系列

黑木耳种植能手谈经

国家食用菌产业技术体系郑州综合试验站
河南省现代农业产业技术体系食用菌创新团队 组织编写

杜适普 闫 红 周根红 主编

中原农民出版社
·郑州·

图书在版编目(CIP)数据

黑木耳种植能手谈经/杜适普,闫红,周根红主编.—郑州:中原农民出版社,2014.6
ISBN 978-7-5542-0724-6

Ⅰ.①黑… Ⅱ.①杜… ②闫… ③周 Ⅲ.①木耳-栽培技术 Ⅳ.①S646.6

中国版本图书馆 CIP 数据核字(2014)第117009号

编 委 会

主　　编　康源春　张玉亭
副 主 编　孔维丽　黄桃阁　李　峰　杜适普　谷秀荣
编　　委　(按姓氏笔画排序)
王志军　孔维丽　刘克全　李　峰
杜适普　张玉亭　谷秀荣　段亚魁
袁瑞奇　黄桃阁　康源春　魏银初
本书主编　杜适普　闫　红　周根红
副 主 编　贾晓慧　李现合　段亚魁

出版社:中原农民出版社
地址:郑州市经五路66号　电话:0371-65751257
邮政编码:450002
网址:http://www.zynm.com
发行单位:全国新华书店
承印单位:新乡市豫北印务有限公司
投稿信箱:DJJ65388962@163.com　**交流 QQ**:895838186
策划编辑电话:13937196613
邮购热线:0371-65724566
开本:787mm×1092mm　1/16
印张:15　**插页**:8
字数:337千字
版次:2015年10月第1版　**印次**:2015年10月第1次印刷

书号:ISBN 978-7-5542-0724-6　**定价**:39.00元

编 者 语

像照顾孩子一样管理蘑菇

“新型职业农民书架丛书·食用菌种植能手谈经与专家点评系列”，是针对当前国内食用菌生产形势而出版的。

2009 年 2 月，中原农民出版社总编带领编辑一行，去河南省一家食用菌生产企业访问，受到了该企业老总的热情接待和欢迎。老总不但让我们参观了他们所有的生产线，还组织企业员工、技术人员和管理干部同我们进行了座谈。在座谈会上，企业老总给我们讲述的一个真实的故事，深深地触动了我。他说：

企业生产效益之所以这么高，是与一件事分不开的。企业在起步阶段，由于他本人管理经验不足，生产效益较差。后来，他想到了责任到人的管理办法。那一年，他们有 30 座标准食用菌生产大棚正处于发菌后期，各个大棚的菌袋发菌情况千差万别，现状和发展形势很不乐观。为此，他便提出了各个大棚责任到人的管理办法。为了保证以后的生产效益最大化，老总提出了让所有管理人员挑大棚、挑菌袋分人分类管理的措施……由于责任到人，目标明确，管理到位，结果所有的大棚均获得了理想的产量和效益。特别是菌袋发菌较好且被大家全部挑走的那个棚，由于是技术员和生产厂长亲自管理，在关键时期技术员吃住在棚内，根据菌袋不同生育时期对环境条件的要求，及时调整菌袋位置并施以不同的管理措施，也就是像照顾孩子一样管理蘑菇，结果该棚蘑菇转劣为好，产量最高，质量最好。这就充分体现了技术的力量和价值所在。

这次访谈，更坚定了我们要出一套食用菌种植能手谈经与专家点评

相结合,实践与理论相统一的丛书的决心与信心。

为保障本套丛书的实用性与先进性,我们在选题策划时,打破以往的出版风格,把主要作者定位于全国各地的生产能手(状元、把式)及食用菌生产知名企业的技术与管理人员。

本书的“能手”,就是全国不同地区能手的缩影。

为保障丛书的科学性、趣味性与可读性,我们邀请了全国从事食用菌科研与教学方面的专家、教授,对能手所谈之经进行了审读,以保证所谈之“经”是“真经”、“实经”、“精经”。

为保障读者一看就会,会后能用,一用就成,我们又邀请了国家食用菌产业技术体系的专家学者,对这些“真经”、“实经”、“精经”的应用方法、应用范围等进行了点评。

本套书从策划到与读者见面,历时近3年,其间两易大纲,数修文稿。本书主编河南省农业科学院食用菌研究开发中心主任康源春研究员,多次同该套丛书的编辑一道,进菇棚,访能手,录真经……

参与组织、策划、写作、编辑的所有同志,均付出了大量的心血与辛勤的汗水。

愿本套丛书的出版,能为我国食用菌产业的发展起到促进和带动作用,能为广大读者解惑释疑,并带动食用菌产业的快速发展,为生产者带来更大的经济效益。

但愿我们的心血不会白费!

食用菌产业是一个变废为宝的高效环保产业。利用树枝、树皮、树叶、农作物秸秆、棉子壳、玉米穗轴、牛粪、马粪等废弃物进行食用菌生产,不但可以增加农业生产效益,而且可减少环境污染,可美化和改善生态环境。食用菌产业可促进实现农业废弃物资源化发展进程,可推进废弃物资源的循环利用进程。食用菌生产周期短,投入较少,收益较高,是现代农业中一个新兴的富民产业,为农民提供了致富之路,在许多县、市食用菌已成为当地经济发展的重要产业。更为可贵的是食用菌对人体有良好的保健作用,所以又是一个健康产业。

几千亿千克的秸秆,不只是饲料、肥料和燃料,更应该是工业原料,尤其是食用菌产业的原料。这一利国利民利子孙的朝阳产业,理应受到各界的重视,业内有识之士更应担当起这份重任,从各方面呵护、推助、壮大它的发展。所以,我们需要更多介绍食用菌生产技术方面的著作。

感恩社会,感恩人民,服务社会,服务人民。受中原农民出版社之邀,审阅了其即将出版的这套农民科普读物,即"新型职业农民书架丛书·食用菌种植能手谈经与专家点评系列"丛书的书稿。

虽然只是对书稿粗略地读了一遍,只是同有关的作者和编辑进行了一次简短的交流,但是体会确实很深。

读过书,写过书,审阅过别人的书稿,接触过领导、专家、教授、企业家、解放军官兵、商人、学者、工人、农民,但作为农业战线的科学家,接触与了解最多的还是农民与农业科技书籍。

在讲述农业技术不同层次、多种版本的农业技术书籍中,像中原农民出版社编辑出版的"新型职业农民书架丛书·食用菌种植能手谈经与专家点评系列"丛书这样独具风格的书,还是第一次看到。这套丛书有以下特点：

1. 新。邀请全国不同生产区域、不同生产模式、不同茬口的生产能手（状元、把式）谈实际操作经验，并配加专家点评成书，版式属国内首创。

2. 内容充实，理论与实践有机结合。以前版本的农科书，多是由专家、教授（理论研究者）来写，这套书由理论研究者（专家、教授）、劳动者（农民、工人）共同完成，使理论与实践得到有机结合，填补了农科书籍出版的一项空白。

（1）上篇“行家说势”。由专家向读者介绍食用菌品种发展现状、生产规模、生产效益、存在问题及生产供应对国内外市场的影响。

（2）中篇“种植能手谈经”。由能手从菇棚建造、生产季节安排、菌种选择与繁育、培养料选择与配制、接种与管理、常见问题与防治，以及适时收、储、运、售等方面介绍自己是如何具体操作的，使阅读者一目了然，找到自己所需要的全部内容。

（3）下篇“专家点评”。由专家站在科技的前沿，从行业发展的角度出发，就能手谈及的各项实操技术进行评论：指出该能手所谈技术的优点与不足、适用区域范围，以防止读者盲目引用，造成不应有的经济损失，并对能手所谈的不足之处进行补正。

3. 覆盖范围广，社会效益显著。我国多数地区的领导和群众都有参观考察、学习外地先进经验的习惯，据有关部门统计，每年用于考察学习的费用，都在数亿元之多，但由于农业生产受环境及气候因素影响较大，外地的技术搬回去不一定能用。这套书集合了全国各地食用菌种植能手的经验，加上专家的点评，读者只要一书在手，足不出户便可知道全国各地的生产形式与技术，并能合理利用，减去了大量的考察费用，社会效益显著。

4. 实用性强，榜样“一流”。生产一线一流的种植能手谈经，没有空话套话，实用性强；一流的专家，评语一矢中的，针对性强，保障应用该书所述技术时不走弯路。

这套丛书的出版，不仅丰富了食用菌学科出版物的内容，而且为广大生产者提供了可靠的知识宝库，对于提高食用菌学科水平和推动产业发展具有积极的作用。

中国工程院院士
河南农业大学校长

目录

生产能手们所讲的黑木耳栽培经验弥足珍贵，对黑木耳生产作用明显，但由于其自身所处环境的特殊性，也存在着一定的片面性。为确保读者开卷有益，请看行业专家解读能手们所谈之“经”的应用方法和使用范围。

十、小口出耳三种催耳方式及不出耳处理方法 ······ 172

黑木耳出耳期的催耳环节至关重要，催耳没做好，不但不会顺利出耳，还会弄坏菌袋，造成严重的损失。这里介绍3种不同的催耳方式，读者可以根据自己的实际情况选择使用。

十一、地栽黑木耳子实体生长阶段干和湿的标准 ······ 175

地栽黑木耳生产最主要任务就是出耳期的水分管理。黑木耳子实体生长发育需要的是干干湿湿的生长环境，我们应该认认真真地在“干”、“湿”两个字上做文章。

十二、袋栽黑木耳生理性病害的诊断与防除 ······ 178

黑木耳生理性病害是由于不良的环境条件胁迫，使得黑木耳菌丝体和子实体生理上发生改变导致的一类病害。危害十分严重，但又可防可控。读者需要了解黑木耳常见的生理性病害的诊断方法和防控技术，以期能收到良好的效果。

十三、黑木耳病虫害无公害综合防治措施 ······ 186

生产上要注意综合运用生态、生物、物理、化学等防治技术。在保证黑木耳产品食用安全的前提下，做好病虫害防治工作。

附录　黑木耳食用指南 ······ 194

本书向大家简单介绍黑木耳常用的食用方法，旨在引导大家学会吃黑木耳。吃的人多了，消费量自然就会增加。

参考文献 ······ 235

上篇 行家说势

黑木耳营养丰富,脆嫩爽口,又有较高的食药疗效,深受人们喜爱。市场价格和栽培效益不断提高。栽培黑木耳是农民脱贫致富的好项目,发展前景广阔。要种好黑木耳,就要对黑木耳的生长发育特点、对环境的要求以及生产现状、发展趋势有一个详细的了解。

主编简介

康源春简介

康源春，河南省农业科学院食用菌研究开发中心主任，国家食用菌产业技术体系郑州综合试验站站长，兼河南省食用菌协会副理事长。

参加工作以来一直从事食用菌学科的科研、生产和示范推广工作，以食用菌优良菌种的选育、高产高效配套栽培技术、食用菌病虫害防治技术、食用菌工厂化生产等为主要研究方向，在食用菌栽培技术领域具有丰富的实践经验和学术水平。

康源春（中）在韩国首尔授课后同韩国专家（右）、意大利专家（左）合影留念

张玉亭简介

张玉亭，研究员，河南省农业科学院植物营养与资源环境研究所所长，河南省现代农业产业技术体系食用菌创新团队首席专家。

长期从事植物保护、农业资源高效利用、食用菌栽培技术等领域的科学研究，具有较高的学术水平和管理水平。

张玉亭研究员在食用菌大棚指导生产

行家说势

一、认识黑木耳

深入了解黑木耳的生物学特性、发展历史和营养保健功能，是降低从业者盲目性和风险性，减少经济损失，提高生产效益的必修课。

(一)黑木耳的生物学特性

黑木耳,学名 *Auricularia auricula*(L. ex Hook.)Underw.,隶属于真菌门(Eumycota),担子菌亚门(Basidiomycotina),层菌纲(Hymenomycetes),木耳目(Auriculariales),木耳科(Auriculariaceae),木耳属(*Auricularia*)。

1. 黑木耳的形态结构　黑木耳由菌丝体和子实体两部分组成,菌丝体相当于农作物的“苗”,子实体相当于农作物的“果实”。

(1)菌丝体　黑木耳的菌丝体无色透明,有许多横隔和分枝,大量的菌丝体聚集在一起呈绒毛状,白色,见图1。在显微镜下,黑木耳菌丝呈半透明状,有锁状联合,见图2。

有的品种在试管内斜面培养基上生长时间较长时,会分泌出棕色的色素。这一特点,可以作为菌种鉴别的一个依据。

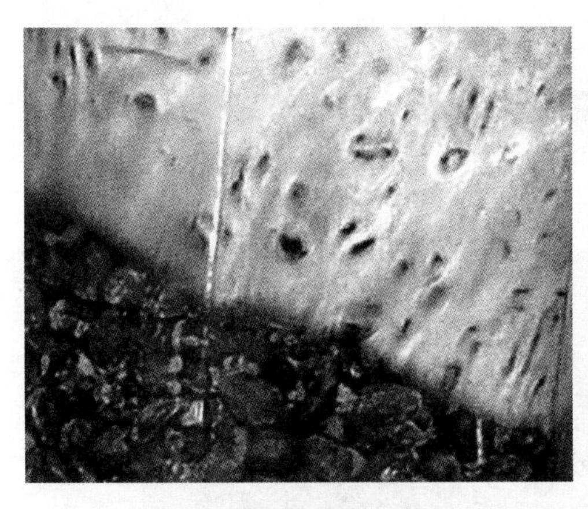

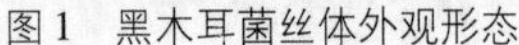
图1　黑木耳菌丝体外观形态

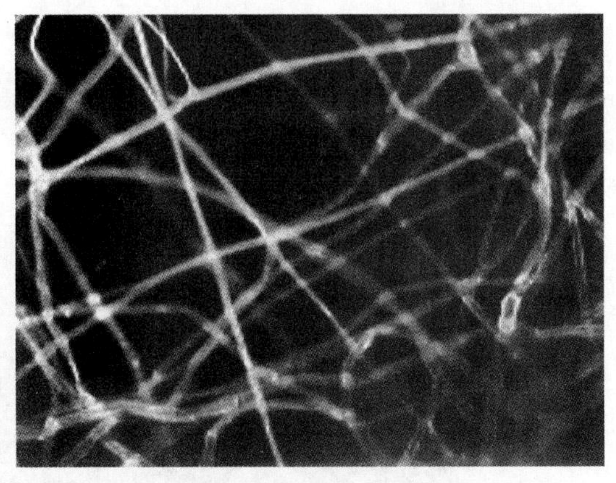

图2　黑木耳菌丝体显微结构

(2)子实体　黑木耳的子实体群生或单生,新鲜时半透明,胶质,富有弹性,直径4~12厘米,厚度0.5~2毫米,干燥后收缩成角质,色泽变黑,不同品种颜色的深浅不同。黑木耳子实体的腹面光滑或有脉络状皱纹,背面呈青灰色,着生许多浓密柔软的短绒毛。黑木耳子实体的腹面有子实层,上面长有许多担孢子,成熟时会散发出来,大量的担孢子聚集在一起时会像白霜一样附在耳片的腹面。段木栽培和代料栽培的黑木耳子实体,见图3、图4。

黑木耳的外观,不同品种表现不一。单片时呈单耳状,许多单耳片聚集在一起生长,往往会呈现出菊花状。近些年,市场上贝壳状的木耳因其好清洗,易处理,比菊花状的更受欢迎。

图3　段木栽培的黑木耳子实体

图4　代料栽培的黑木耳子实体

2. 黑木耳的生活史　黑木耳的生活史就是其完成一个生命周期的过程,也可称为一个世代。黑木耳的一个生命周期由担孢子——菌丝体——子实体——担孢子构成,详见图5。

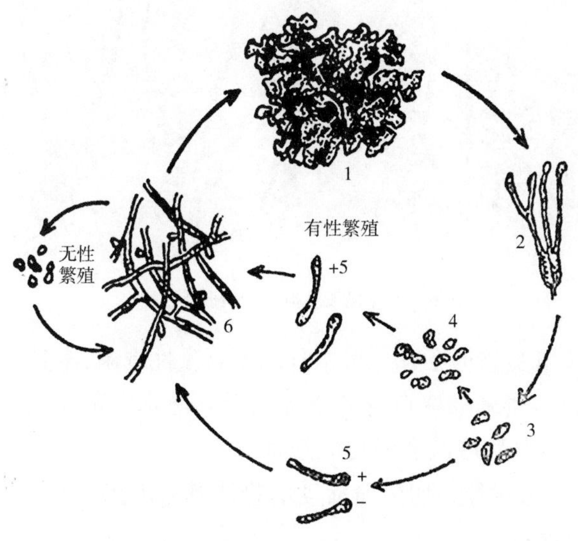

图5　黑木耳的生活史

1. 黑木耳子实体　2. 担子和担孢子　3. 担孢子　4. 担孢子萌发　5. 单核菌丝　6. 双核菌丝

黑木耳的有性繁殖是以异宗结合的方式进行的。这种繁殖方式必须由不同交配型的菌丝相结合,才能产生子实体,完成其生活史。在适宜的条件下,一代生活史为60~90天。生产上的一个生产周期往往时间较长,那是因为要通过人为控制现耳时期,以获取最大的收益。

黑木耳是异宗结合的两极性的交配系统,由单因子控制,具有"+"、"-"不同性别。不同性别的担孢子在适宜条件下萌发后,产生单核菌丝,这种菌丝称为初生菌丝。初生菌丝初期具有多个细胞核,继而产生分隔,把菌丝分成多个单核细胞。当各自带有"+"和"-"的两条单核菌丝相互结合进行核配后,产生双核化的次生菌丝,这种菌丝也叫双核菌丝。次生菌丝的每一个细胞中都含有两个性质不同的核,双核菌丝再经过锁状联合,使分裂获得的两个子细胞都含有与母细胞相同的两个核。双核的次生菌丝比单核的初生菌丝要粗壮,生长速度快,生命力强。生产上,人工培育的菌种就是双核的次生菌丝。

次生菌丝不断地从周围环境大量吸收水分和养分,进行分枝、繁殖,并相互交替缠绕。这些密集地生长在基质中的菌丝才构成了我们肉眼看得见的白色绒毛——菌丝体。菌丝体经过一段时间的生长繁殖,积累了足够的营养物质,菌丝体开始从营养生长逐渐向生殖生长转化,大量的菌丝体相互扭结,在基质上形成子实体原基,再进一步形成胶质、富有弹性的黑木耳子实体。

发育成熟的子实体,在其腹面产生棒状的担子。担子又伸出小枝,小枝上再生成担孢子。无隔担子及担孢子的形成过程见图6。担孢子经过子实体上特殊的弹射器官被弹离子实体,借风力飘散,找到适宜的基质又重新开始一代新的生活史。

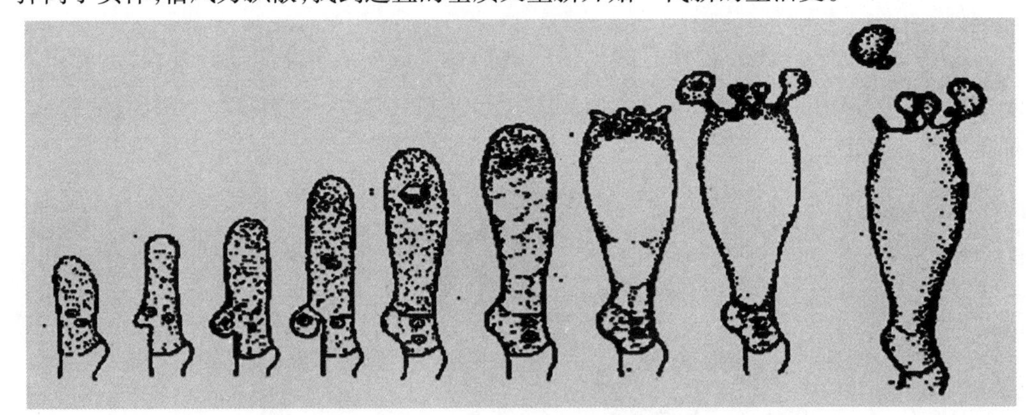

图6　无隔担子及担孢子的形成过程

3. 黑木耳生长发育所需的条件　黑木耳属于腐生性真菌,本身不能合成有机物,要依赖培养料中的营养物质来维持自身的生命活动。黑木耳的生活所需条件主要有营养、温度、水分、光照、空气和酸碱度等几个方面。

(1)营养　营养是黑木耳一切生命活动的物质基础。黑木耳生长发育所需的营养物质主要包括四个方面:

1)碳源　主要来自有机物质,如葡萄糖、蔗糖、淀粉、木质素、纤维素、半纤维素。黑木耳的菌丝可以直接吸收利用小分子的糖类物质如葡萄糖，而大分子的化合物则不能被直接利用，需由菌丝分泌出的酶将大分子物质转化为小分子物质后才能吸收利用。黑木耳的菌丝分解木质素、纤维素的过程极其复杂，这里不多叙述。

富含纤维素和木质素的许多农林副产品都可用来栽培黑木耳，如棉子壳、玉米芯、棉花秆、甘蔗渣、木屑等都是生产黑木耳的优质原料。

2）氮源　黑木耳生长所需的氮源物质主要有蛋白质、氨基酸等，其他的氮源物质如尿素、铵盐、硝酸盐也能被黑木耳的菌丝吸收利用。菌丝生长期适宜的碳氮比例为20∶1，氮源不足会影响黑木耳菌丝的生长。出耳期适宜的碳氮比例为30∶1。在用代料栽培黑木耳时，培养料中添加一定量的麦麸能促进菌丝生长，提高产量。

3）矿质盐类　矿质盐类中磷、钾、钙、镁、铁等都是黑木耳生长发育的营养物质。其中钾、磷和钙最为重要，钾在树木和农作物副产品中含量丰富，不必另外添加；磷对于核酸的形成和能量代谢起着重要作用，没有磷，碳和氮就不能很好地被利用。

在代料的培养料中常加入一定量的石膏、磷酸二氢钾等物质。一般的培养料和水中含有的其他微量元素，基本能满足黑木耳生长发育的需要。

4）生长素　生长素在黑木耳的生长发育过程中需求量极小，这些物质在麦麸、米糠中含量较高，一般生产原料中的含量基本上可满足黑木耳生长的需要。

（2）温度　黑木耳菌丝在6～36℃都能生长，最适温度为22～28℃，超过36℃菌丝生长受到抑制。黑木耳菌丝耐低温能力较强，段木中的黑木耳菌丝在－40℃的严寒气候下也不会被冻死。黑木耳子实体在5～32℃均可以形成，最适温度为18～26℃。超过28℃子实体生长加快，易产生流耳；低于15℃子实体难以分化，即使分化出子实体原基，长期在15℃以下黑木耳的生长发育也会受到影响。黑木耳孢子的适宜萌发温度为22～28℃。

（3）水分　水分不仅是黑木耳子实体自身的组成部分，而且也是新陈代谢，吸收营养必不可少的基本物质。外界的营养物质只有溶解在水里，才能通过体细胞渗透进来；所有的代谢产物也只有溶解到水中，才能排出体外。

黑木耳生长发育所需水分绝大部分来自培养料。基质含水量是指水分在湿料中的百分含量。黑木耳在菌丝生长阶段，段木中的含水量以45%～50%为宜，含水量低于30%时，菌丝生长受到抑制；代料栽培培养料含水量在60%～65%均能正常生长。培养基的含水量过高，菌丝生长慢，长势细弱，抗杂菌能力差，易招致杂菌污染，子实体的品质较差，产量较低；含水量过低，菌丝生长不够粗壮，菌丝量较少，不易出耳，出耳阶段难管理，子实体产量和质量都较低。用培养料含水量测试仪（图7）来测量培养基含水量，以保证黑木耳正常生长。

在生产实践中，生产者一般以料水比来把握培养料的含水量。料水比是指培养料（干料）的重量与加入水的重量之比。在培养料重量不变的情况下，靠人为控制加入水的重量来调节培养料的含水量。培养料的料水比应依培养料质地来确定，一般棉子壳培养料的料水比为1∶（1.2～1.3）；木屑培养料为1∶（0.9～1.1）。水分过多，易导致通气不良，菌丝生长发育受阻，甚至会窒息死亡。

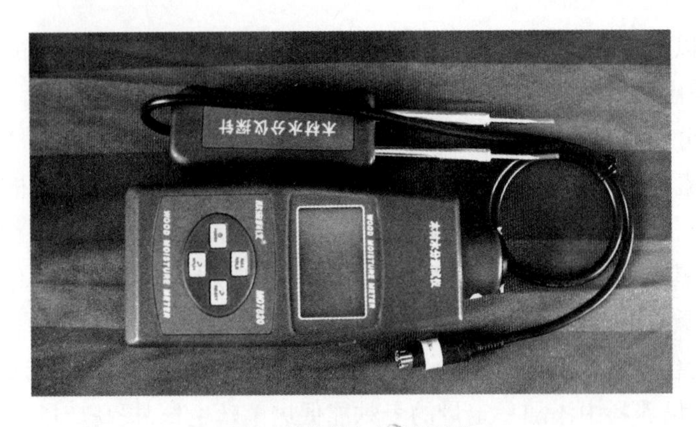

图7　培养料含水量测试仪

子实体生长期，除要求基质中的含水量达到55%～65%之外，还要求环境空气相对湿度达到85%～95%。空气中的相对湿度低于80%，子实体蒸发加快，易干缩，生长慢；空气中的相对湿度若超过95%，在高温期间会导致子实体腐烂。水分掌握得不好，还容易发生病害。

目前已可通过温湿度计（图8、图9）测量黑木耳培养环境中的温度与湿度。

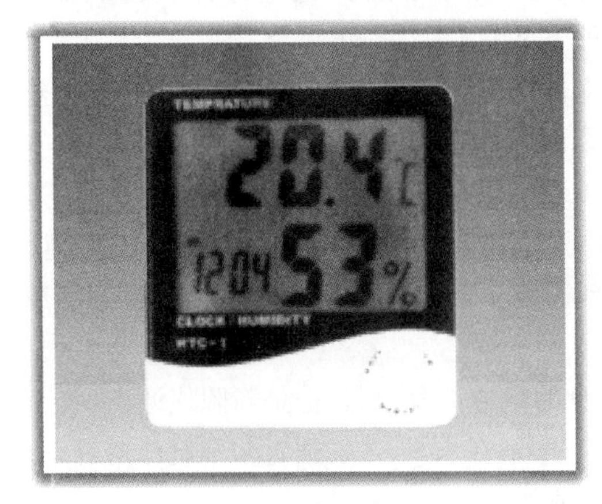

图8　数显式温湿度计

图9　指针式温湿度计

（4）光照　黑木耳菌丝在完全黑暗的条件下能正常生长，微光条件下菌丝生长会加快，但光线太强则会影响菌丝生长。子实体发育阶段需要有一定的光线刺激，完全黑暗条件下子实体难以形成。光照刺激是促使黑木耳早熟、丰产的重要生态因子。用于测量光照强度的仪器是光照度计，见图10。

图10　光照度计

在段木栽培时适量的太阳光直射会使子实体的色泽加深，但在代料栽培时，长时间的强光照射会使子实体失水萎缩，影响耳片的正常生长。光照强弱不仅影响黑木耳子实体的生长发育，还会影响木耳颜色和质量。有研究报告指出，适宜的光照强度为500～1 000勒克斯。在低于40勒克斯的弱光照强度下，容易引起子实体的二次分化，只能长出珊瑚状的畸形耳，或者使已分化的子实体颜色变浅，趋于浅黄至白色，品质降低；在5勒克斯的光照强度下，子实体分化迟滞，出现畸形耳，甚至不能形成子实体。

(5)空气　黑木耳是好气性真菌，不能进行光合作用，只能在有氧条件下，通过呼吸作用分解培养料中的有机物质作为其能量的来源，足够的氧气是黑木耳菌丝体正常生长发育的重要条件。

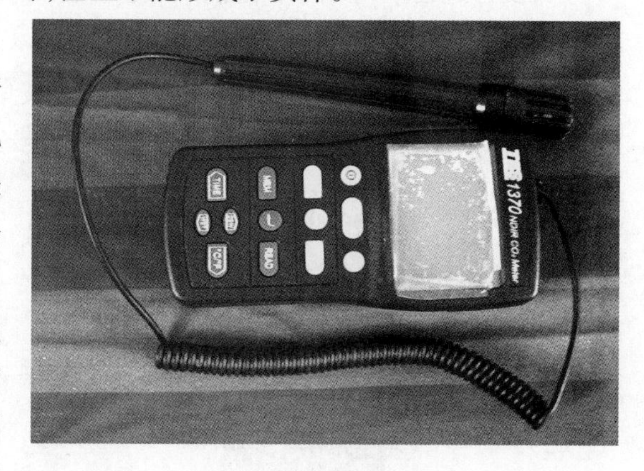

图11　二氧化碳浓度测试仪

菌丝体生长阶段，培养室内二氧化碳浓度保持在20%～30%（体积），菌丝体能生长正常。在实际生产中，可用二氧化碳浓度测试仪（图11）测量培养室内二氧化碳浓度。当二氧化碳不断积累贮存，浓度超过30%时，菌丝体生长量急剧下降，生长受到明显的抑制。如果长期缺氧，菌丝体借酵解作用暂时维持生命，因消耗大量的营养，菌丝体衰老、死亡，严重影响黑木耳的产量。

子实体生长阶段，代谢旺盛，呼吸作用强，对氧气的需求量大。当二氧化碳浓度>0.1%时，对子实体产生毒害作用，子实体生长缓慢、畸形、变黄，耳片分化发育受到抑制，甚至不能形成。因此，黑木耳菌丝体生长阶段和子实体生长阶段都需要较好的通风条件。只不过菌丝体生长阶段，对氧气的需求量相对较少，子实体生长期内则对氧气需求更多。

行家告诫

黑木耳子实体对福尔马林等挥发刺激性药品特别敏感，易受药害，需特别注意。

(6)酸碱度　黑木耳生长发育所需的一切营养都来源于培养料，培养料中的有机物通过菌丝分泌的各种酶被降解成小分子化合物，才能为黑木耳所吸收利用。这些酶都有其最适的酸碱度，如果酸碱度不适宜，则酶的活性和稳定性下降，物质分解速度就逐渐缓慢，到了一定程度，酶就失去活性，物质的分解也就宣告停止。也就是说，酸碱度通过酶的活性影响黑木耳的生长发育。因此，培养料的酸碱度如果不适宜，菌丝体对物质

的分解就不能正常进行,这就是酸碱度在黑木耳生理中的作用。

黑木耳生长喜微酸性环境,菌丝在 pH4 ~ 7 都能生长,以 pH5.5 ~ 6.5 最适。pH 在 3 以下或 8 以上的培养料中,黑木耳菌丝生长缓慢,稀疏。培养料的酸碱度在灭菌和整个生长发育过程中,会不断降低。因此,在拌料时培养料 pH 应调至 7 ~ 7.5。生产上常用便携式 pH 测试仪测量培养料的 pH,见图 12。

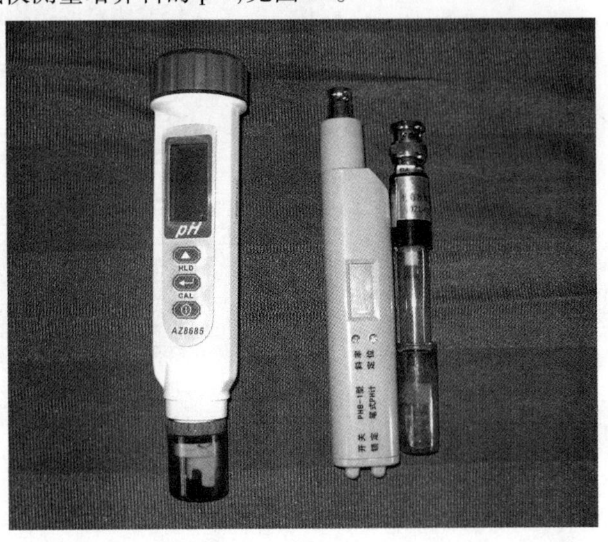

图 12　pH 测试仪

诫告家行

看不见摸不着的培养料酸碱度是决定黑木耳生产成败的主导性环境因子。黑木耳菌丝体在 pH4 ~ 7 都能生长,但在偏酸的环境中,菌丝体生长发育不良。因此,在拌料时一般都会把培养料 pH 适当调高至 7 ~ 7.5,灭菌过程会使培养料 pH 变为 6.0 ~ 6.5,正好适宜黑木耳菌丝体的生长发育。

(二)国内外发展简史

黑木耳是一种名贵的食用菌,是我国传统的高档食品,也是我国的大宗出口商品之一,在我国栽培历史悠久。资料记载:黑木耳人工栽培大约在公元 600 年起源于我国,是世界上人工栽培的第一个食用菌品种,至今已有 1 400 多年历史。唐朝川北大巴山、米仓山、龙门山一带的山民,就采用“原木砍花”法种植黑木耳,这种原始种植方法持续了上千年。清朝在东北长白山地区也开始种植黑木耳。冬天(三九天)将落叶树伐倒,依靠黑木耳孢子自然传播繁育,靠天收耳,产量极低。新中国成立之前,黑木耳生产一直处于半人工半自然生产状态,生产不成规模,产量有限,没有成为人民大众的日常食品。

1955年,我国科技工作者开始培育黑木耳固体纯菌种,发明了段木打孔接种法,这种方法使段木栽培黑木耳产量大大提高。这需2~3年才能完成一个周期,绝对产量仍不高,每根1米长、直径为10~13厘米的优质段木,3年平均产量100~150克,还常因自然灾害的侵扰而减产。这种方法现今仅被林区极少数生产者沿用。

从20世纪70年代初,随着党和政府的重视,加上广大科技人员和生产者的不断探索,生产技术水平不断提高,段木生产技术由半人工半自然改为纯菌种接种法,使段木生产技术得到飞速发展。人工段木栽培黑木耳养菌场及出耳场,见图13、图14。20世纪70年代后期,著名食用菌专家杨新美先生在生产中又总结出一套新的技术模式,新的段木栽培黑木耳出耳模式使黑木耳的产量获得大幅度提高,单架(每架50根段木)产量由过去0.5千克左右提高到1.5千克以上。现代化人工段木黑木耳出耳场,见图15。

图13 人工段木栽培黑木耳养菌场

图14 人工段木栽培黑木耳出耳场

图15 现代化人工段木黑木耳出耳场

20世纪80年代中后期,全国各地尤其是山区充分利用林木资源丰富的优势,大力发展黑木耳的段木栽培,生产技术又有很大的改进和提高,单架平均产量由原来的1.5千克提高到10千克左右,高产的可达15千克以上。在此期间,全国各地也曾一度掀起代料栽培黑木耳的热潮。河南省农业科学院的食用菌科技工作者,在代料栽培黑木耳技术方面曾投入很多精力进行研究和探索,取得了较大的进展和突破。20世纪90年代中后期，由于受林木资源的限制，段木黑木耳生产规模有所减小，各地的主攻目标是提高单产，增加效益。同时随着黑木耳新品种选育工作的深入开展，适用于代料栽培的黑木耳品种不断出现，新的栽培原料的开发和利用，又为代料栽培黑木耳注入了新的活力。

近几年，代料栽培黑木耳的技术提高很快，发展规模不断扩大（图 16），以我国东北地区为代表的地栽黑木耳技术日臻成熟，栽培面积不断扩大，产品质量与段木黑木耳产品相当。东北黑木耳栽培场景，见图 17。

图 16　代料栽培黑木耳吊挂式出耳场景

图 17　东北黑木耳栽培场景

（三）营养与保健功能

1. 营养价值　黑木耳被营养学家誉为“素中之王”，含有丰富的蛋白质、铁、钙、维生素、粗纤维。其中蛋白质含量和肉类相当，铁的含量比肉类高 10 倍，比绿叶蔬菜中含铁量最高的菠菜高出 20 倍，比动物性食品中含铁量最高的猪肝还高出约 7 倍，是各种荤素食品中含铁量最高的。钙的含量是肉类的 20 倍，维生素 B_2 的含量是蔬菜的 10 倍以上，黑木耳还含有多种有益氨基酸和微量元素，因此，被称为“素中之荤”。100 克黑木耳含水分 10.9 克，蛋白质 10.6 克，脂肪 0.2 克，碳水化合物 65.5 克，粗纤维 7.0 克，灰分5.8克，钙357毫克，磷201毫克，铁185毫克，胡萝卜素0.03毫克，维生素B_1（硫胺素）0.15毫克，维生素B_2（核黄素）0.55毫克，胡萝卜素0.03毫克，维生素C（抗坏血酸）2.7毫克。

2. 保健功能　黑木耳不仅有很高的营养价值，而且还具有较强的保健功能。现代医学研究表明，黑木耳中含有抗血小板聚集作用的药用成分，如果每人每天食用5~10克的黑木耳，与每天服用小剂量阿司匹林的功效相当，因此人们称黑木耳为"食品阿司匹林"。阿司匹林有不良反应，经常吃会造成眼底出血，而黑木耳没有不良反应，更受人们青睐。

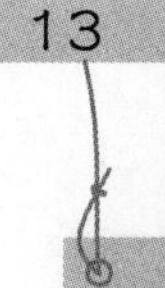

黑木耳还具有益气强身、滋肾养胃、清肺护心、活血等功能。黑木耳中含有丰富的铁，可改善血液循环，有利于抗寒，能起到润燥、滋补、强身的功效。春季风大，有浮尘，黑木耳还有清肺的作用。常吃黑木耳，对于冬季怕冷，阳气不足的体弱者、老年人、妇女、儿童格外有益。黑木耳具有显著的抗凝作用，它能阻止血液中的胆固醇在血管上的沉积和凝结。同时，由于黑木耳的抗血小板聚集和降低血凝作用，可以减少血液凝块，防止血栓形成，对延缓中老年人动脉硬化的发生发展十分有益。它的抗血凝、抗血栓、降血脂，降低血黏度，软化血管，使血液流动顺畅的功效，对心脑血管疾病以及动脉硬化症具有较好的防治和保健的作用。

黑木耳还含有丰富的植物胶原成分，具有溶解与氧化作用，对无意食下的难以消化的头发、谷壳、木渣、沙子、金属屑等异物具有较强的吸附作用。常吃黑木耳能起到清理消化道、清胃涤肠的作用。特别是对从事矿石开采、冶金、水泥制造、理发、面粉加工、棉纺、毛纺等空气污染严重工种的工人，经常食用黑木耳能起到良好的保健作用。

有些学者还提出，黑木耳对胆结石、肾结石也有较好的化解功能，因为它所含的植物碱具有促进消化道、泌尿道各种腺体分泌的特性，植物碱能协同这些分泌物催化结石，润滑肠道，使结石排出体外。

研究还发现，脂质过氧化与人体各器官的衰老有密切关系，黑木耳有抗脂质过氧化的作用，使人延年益寿。因此，中老年人经常食用黑木耳，对防治多种老年疾病及抗癌、防癌、延缓衰老，都有很好的效果。

（四）发展前景与经济效益

1. 黑木耳的发展前景　随着人民生活水平的提高和饮食结构的改善，作为"黑色食品"的黑木耳备受人们的重视，市场需求逐年增长，产品供不应求，销售价格逐年上升，发展前景看好。

2. 栽培黑木耳的经济效益　代料栽培黑木耳生产技术简单易学，投资可大可小，经济效益突出。一个占地667米^2（1亩）的塑料大棚，大棚内净面积约450米^2，一个生产周期投料1万千克，可产黑木耳干品1 000千克，按全年平均价格50元/千克计算，可实现产值5万元，扣除综合成本1.6万元左右，获利可达3.4万元左右。大棚栽培黑木耳，见图18。

图18　大棚栽培黑木耳

如果在林木资源丰富的山区，有计划地发展段木黑木耳生产，经济效益十分显著。占地667米^{2}的段木黑木耳生产场地，可以摆放耳木6 500根，一个生产周期（约2年）产干黑木耳1 000千克，段木黑木耳的市场销售价格为60元/千克左右，一个生产周期667米^{2}的产值可达6万元，扣除综合成本（耳木、菌种、铁丝、喷灌软管等）1.7万元左右，获利可达4.3万元左右。

二、黑木耳生产现状与存在的问题

黑木耳生产在全国发展迅速，东北、华中、华东和西南等地区都具有独特的资源、气候、地理、生态等优势，但也存在不同程度的问题……

(一)不同生产区域黑木耳的生产现状

黑木耳是一种中温型菌物,在我国一般划分为三个主要产区,即东北林区、中西部山区及南方高海拔山区,以代料栽培为主,少有段木栽培。

1. 东北林区　主要分布于大小兴安岭和长白山区,依托其广大的林区面积,在20世纪70年代逐渐发展到全国,也是世界最大的黑木耳段木栽培产区,形成了以黑龙江的东宁、林口、海林,吉林的浑江、龙井、珲春为代表的老生产基地。近几年,随着塑料袋地栽黑木耳技术的推广,逐渐取代了传统的段木栽培黑木耳技术,形成了以黑龙江的伊春,吉林的汪清、蛟河,辽宁的抚顺为代表的新型生产基地。该产区的栽培方式有露地简易覆盖栽培和露地全光间歇雾喷栽培,培养材料以木屑为主,人工拌料和人工接种,由于东北地区温度常年较低,多在室内催芽,露地摆袋出耳,传统打孔("V"字形)的出耳方式已经渐渐消失,多采用小孔(圆孔)出耳技术。东北地栽黑木耳模式,见图19。

图19　东北地栽黑木耳模式

2. 中西部山区　主要分布在中西部的秦巴山区、伏牛山区,这里不仅是黑木耳栽培的发祥地,也是新中国成立后纯菌种段木栽培的发源地。河南卢氏,湖北房县、保康、南漳,陕西宁强,甘肃康县为此区域的老生产基地。河南卢氏的"伏牛"牌木耳和湖北房县的"燕耳"享誉全国。近几年,陕西的商洛和河南的栾川也已形成一定的生产规模。

此区域多为山地丘陵地带,林木资源十分丰富。但袋栽黑木耳技术的快速发展,使得传统的段木栽培技术已被袋料栽培技术取代,主要的栽培方式为棚室栽培,及地摆模式(图20)。

图20　地摆模式

立体栽培模式(图 21),培养材料以木屑和棉子壳为主,人工或机械拌料,人工接种,由于此地区温度较高和降水较少,多在棚室内催芽和出耳,采用“V”形口出耳技术。

1. 层架栽培模式

2. 吊袋栽培模式

图 21　立体栽培模式

3. 南方高海拔山区　主要分布在云贵高原及武夷山等山区。广西百色、田林、田阳,四川广元、青川,贵州册亨,云南富宁、文山是其主要的生产基地。目前,此地区的主要栽培方式为段木栽培,棉秆、棉壳等代用料栽培也有一定规模。

另外,南方完全可以利用其秋冬季冷凉时节,生产出高产优质黑木耳,北耳南移将继南菇北移后得到实现。

(二)国内黑木耳生产存在的问题

我国黑木耳生产历史悠久,但形成产业却是在 20 世纪 80 年代之后。由于发展时间较短,我国黑木耳生产还存在着很多问题。主要表现在:新的栽培技术在老产区推广缓慢、滞后,段木栽培比例明显过大;菌种市场混乱;假冒伪劣菌种坑害生产者,菌种生产单位不具备资格和条件;代料栽培污染严重,栽培技术不统一、不规范,产量、质量不稳定;缺乏技术推广的基层技术力量;黑木耳产品掺杂使假十分猖獗,干扰黑木耳市场;优质黑木耳精品名牌少,深加工滞后;黑木耳老区面临资源匮乏,产量下滑趋势;黑木耳深加工亟待开发,以创更高附加值;黑木耳栽培新区亟待开辟,需大力推广普及黑木耳栽培技术;黑木耳行业法规与管理要正规健全;等等。

行家说势

三、黑木耳生产发展趋势

黑木耳生产规模日益扩大,栽培原料从单一向多元发展;生产模式由段木栽培向代料栽培模式发展;栽培模式由自然条件下露天生产,向设施条件下的设施内生产;生产经营方式由庭院作坊式生产,向工厂化方式转变……

（一）黑木耳的生产发展变化

随着我国黑木耳行业的蓬勃发展，黑木耳生产经营方式也逐渐由传统小作坊模式向公司+农户生产模式和工厂化生产模式方向发展。在发展过程中主要体现出如下变化：

1. 菌种生产　由传统的小农自我保藏、制作菌种向菌种厂规模化、统一化制作销售发展。个体农户制作菌种由于自身的素质和培养环境，在生产上往往会出现菌种混乱，菌种质量下降和菌种数量满足不了生产等问题，制约着黑木耳的生产发展。菌种厂则可以集约资源和技术，进行种质资源的保护和开发，建立统一的菌种制作标准，提供高质量的生产菌种，满足黑木耳在生产上的需求。

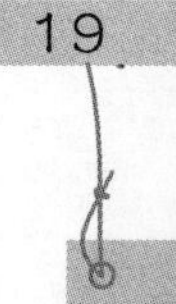

2. 栽培原料　由传统单一原料向多来源、多配方代用料模式发展。传统的原料来源单一，有限的产区制约着黑木耳的发展。随着代用料的替代，例如林木果树剪枝木屑、棉秆、棉子壳、玉米芯等，既可以进行黑木耳的栽培，又有效地提高了废弃资源的合理利用。

3. 栽培模式　由传统的段木栽培向多样化的代料栽培模式发展。传统的段木栽培既限制于原料的来源，又限制于生产场地；而代料栽培模式可以扩大原料来源，解决生产场地的限制问题，促进了生产模式的创新，为黑木耳栽培技术的推广提供原料与空间支持。

4. 周年连作生产　由单季生产向周年连作转变。黑木耳生产一般以春耳生产为主，土地利用仅有 4 个月。随着黑木耳多茬次栽培技术的推广应用，形成了春耳、春耳—春耳秋管、春耳—秋耳、越冬耳等生产模式，使黑木耳生产实现了土地高效利用、周年连作生产。

5. 生产规模　由散乱向集中方向发展。传统小农作坊是一家一户种植，面积数量较小，栽培出耳时间不统一，很难集中销售，价格差距很大，效益较差。多家联合或工厂化规模栽培，既可统一栽培时间又可满足市场的需求，有利于黑木耳的生产发展。

6. 产品质量　产品质量由不稳定向稳定发展。传统的黑木耳栽培生产条件落后，往往受自然条件的影响，出产的黑木耳数量少，品质较差。随着生产方式的机械化和标准化，菌包生产成品率、生物转化率和生产自动化程度提高等，黑木耳生产需要的温、湿、光、气等环境与营养需求供给更加稳定，生产出的产品质量稳定可控，有利于产品外形、大小、颜色达到统一。

（二）黑木耳的市场需求分析

1. 国内的市场潜力巨大　近年来，国内市场黑木耳销量大大增加。但国内黑木耳消费总量仍然很低，消费阶层仅限于城市和老年人群，随着国民经济和人民生活水平迅速提高，黑木耳消费亦将呈持续上升态势。黑木耳销量上升，与黑木耳质量提高有关。20 世纪 80 ~ 90 年代，我国黑木耳大多呈大朵型，耳基处含泥沙及木屑等杂质，浸泡后亦难洗净，价格虽低，仍引不起消费热潮。近年来，黑木耳栽培和加工包装水平提高，大朵型改成片状分装后，质量提升很快，带动了内销市场迅速上升。据有关资料统计，我国散装黑木耳年消费量在 4 万吨左右，其中城市占 3/4，农村占 1/4；精品黑木耳（精包装与加工)消费量在0.5万吨左右。

2. 国际需求强劲　国外消费量最大的是日本,近20年,日本黑木耳消费量增长了220倍,而韩国、东南亚及我国港澳台需求量也很大。欧美国家对中国黑木耳进口进行限制,黑木耳有时处于有价无货状态。世界人均占有黑木耳每年不足10克,按照美国每人每天吃5克即能延年益寿的提法,目前世界黑木耳年产总量仅能供应两天。国际市场黑木耳庞大的需求量将大大激升销售价格。目前我国黑木耳一般在50~80元/千克,而国际市场是我国的十几倍。

行家告诫

黑木耳栽培历史悠久,国内从南到北均有栽培。在市场经济条件下,商品价格一定会有起伏,大家不要盲目跟风,而要根据自身实际,结合当地气候特点、资源优势以及市场行情,审时度势,设计合理的生产规模和栽培模式。

如果当年秋耳市场价格高,而且当年生产季节木屑价格高,即要缩小黑木耳生产规模,采取早栽培、早出耳,并且进行精细管理策略,以提高产品的质量和价格,以免栽培成本提高,第二年黑木耳市场价格低,栽培黑木耳经济效益下降甚至赔钱。相反,如果当年秋耳价格低、木屑价格也低时,可以适当扩大黑木耳生产规模,利用生产成本低,第二年黑木耳价格高,获得较高的经济效益。

另外,春耳的价格是随着时间的推迟,逐渐降低的,而秋耳的价格则是随着时间的推迟,逐渐升高的。所以,春耳早生产,早出耳,市场价格高。如果春耳生产过晚就要延迟下地,作为秋耳进行管理,菌袋延后出耳质量好,可提高经济效益;秋耳要适时下地,并且推迟销售时间,这样可以更有效地提高生产者的收益。

不要小视市场规律的力量。把握得好,会使我们获得高额的回报;违背了市场规律,也会使得我们血本无归。提醒大家:栽培木耳有风险,确定规模需谨慎。

中篇 能手谈经

生产能手从实际操作的角度，将自己二十多年来在黑木耳生产一线摸爬滚打总结出来的经验和教训加以总结，倾囊相赠，更直观，易理解，贴近实际生产。

谈经能手代表简介

黑木耳代料栽培生产能手李现合，河南省新安县人，男，农艺师。1990年开始从事食用菌栽培至今。曾获省、市、县三级奖励6项，发表专业技术文章10篇，推广的新技术、新耳种为当地生产者带来了很好的效益，在当地享有较高的声誉。

黑木耳段木栽培生产能手周根红，河南省陕县人，男，农艺师。1991年开始从事食用菌栽培至今。曾获省、市、县三级奖励16项，发表专业技术文章6篇，推广的新技术、新耳种为当地生产者带来了很好的效益，获得了较好的口碑。

一、为黑木耳生长选择一个安全、优美的“家园”

黑木耳同其他植物一样，只有在一个安全、舒适的环境中，才能够茁壮成长，才能有好的产量和品质。若想知道黑木耳对安全、优美环境的要求，请看本节叙述。

（一）环境要安全

作为生产者，我们一定要把好环境选择这一头道关口，千万不可大意。为此，我们选择栽培环境时，在安全方面要注意以下几点：

1. *避开工矿企业污染源* 化纤厂、化工厂、电厂、水泥厂、造纸厂、石料厂、石灰厂等工矿企业，在生产过程中会产生大量的粉尘、烟雾和废水，对周边环境和地下水会造成污染，要避开这些工矿企业5 000米以上。

2. *避开病虫害滋生源* 大型动物饲养场、生活垃圾堆放场、垃圾填埋场等场所，容易滋生病菌和害虫，是重要的病虫害滋生地，所以栽培场所要避开这些场所。

3. *避开干线公路* 干线公路上车流量大，汽车排除的尾气以及扬起的灰尘，容易导致空气质量下降，栽培场所要远离干线公路。

4. *各项指标达到要求* 场地环境条件要符合无公害农产品产地环境的要求标准，包括土壤、空气、水源等都要符合无公害标准。

例如1998年8月中旬，我租了一处闲置的房舍种植黑木耳。看这个地方虽多年不用，但室内的砖铺地打扫得干干净净，就仅用了一些杀菌剂消毒后，便开始制袋了。刚开始菌丝生长也算正常，两周后，当菌落直径长到10厘米时，菌袋菌丝开始消退，原本洁白浓密的菌丝慢慢消失。这时我着了急，请来市里的专家诊断，结果是螨虫危害。这都是因为我太大意所造成的，其实知道此地之前养过鸡，但还是抱着侥幸心理，想着消过毒就行了，最后经清点，受害的黑木耳菌袋就有5 000袋，造成了严重的经济损失。

（二）居住要舒适

栽培环境选择的另一个要求，就是要有一个适宜黑木耳生长的良好环境，符合黑木耳不同生长发育阶段基本的要求，使黑木耳能够舒舒服服地生长，有利于实现优质高产。根据黑木耳的生长特点，有以下要求：

1. *段木栽培的理想场所* 段木栽培耳场应选择在海拔400～800米，坐北朝南或东南，背风向阳的山脚缓坡地带或平地，空气流通，土质酸性或中性，土壤沙质、多石砾，取水、排水要方便。如图22所示。

2. *代料栽培的理想场所* 代料栽培耳场应选在通风、向阳、干燥的地方。如图23所示。

图22 段木栽培耳场

图23 代料栽培耳场

(三)要方便生产

生产管理是一个经常性的工作,因此在选择环境时要充分考虑其方便性。因为它关系到生产的效率、成本以及经济效益等方面。栽培场所要求交通方便,水电供应有保证,靠近水源,段木栽培最好附近有丰富的耳木资源。

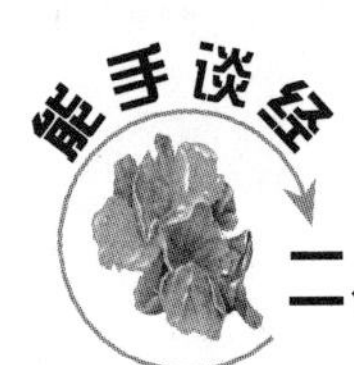

能手谈经

二、为黑木耳建造一个舒适的"家"

做什么事情都需要具备一定的条件,栽培黑木耳也不例外,同样需要人为营造一个适宜其生长发育的环境。

黑木耳的段木栽培是在野外进行的，最好能修建专用的出耳场。出耳场的搭建，最好能保证“七分阳，三分阴，花花太阳照得进”，才能确保黑木耳的色泽和品质。黑木耳的段木栽培所需设施简单，这里就不多赘述，本节主要讲述代料栽培的设施建造要求。

代料栽培黑木耳最好采用两场制，即发菌和出耳最好不要在同一场地内。发菌在室内进行，发菌场所既可利用现有住房和旧房，或搭简易发菌房，也可利用塑料大棚、日光温室等，但均要注意消毒。发菌场所要求洁净，既可保温又可随时通风，室内最好是砖铺地坪或水泥地坪，便于摆放袋子，栽培量大时也可在室内建造摆袋床架。

黑木耳出耳场所的建造应本着因地制宜、就地取材的原则，以便降低成本。但是最好不用或少用木质材料，以免潮湿的环境里滋生霉菌引起污染。建造出耳的场所应遵循的原则是：保温保湿性能好，光照可调控，通风良好，经济适用。其形式主要有日光温室、塑料大棚、塑料中棚、塑料小拱棚、半地下式出菇棚。

例如河南省陕县张湾乡黑木耳生产者周建红，2000 年第一次种植黑木耳，一次就种了 8 000 袋，不仅污染率只有 2% 左右，而且黑木耳品质较好，大获全胜。第二年又种了 10 000 袋，因他家只有一块场地，在前一年既是发菌场，又是出耳场。依照上年的经验，在仅有的场地上制作菌袋。结果由于场地杂菌基数过高，这一次制袋污染率竟然达到 10% 以上，他后悔不已。其实，很早专家就和大家讲过，发菌场地和出耳场地要分开，不能混用。他没有尊重科学，科学对他也毫不客气。这样的教训足以让我们要引以为戒。

（一）日光温室

日光温室是主要是用于种植蔬菜、花卉、苗木及食用菌的保护地设施，它也是黑木耳出耳的理想场所。要求背风向阳，水电方便，无遮阴物影响，温室宜坐北朝南。12 月至翌年 1 月，室内前沿 1 米高的地方平均透光率在 70% 以下，整体结构达到抗风负载 30 千克/米^2，抗雹负载 20 千克/米^2。日光温室的正视图及侧视图见图 24、图 25。

图 24　日光温室正视图

图 25　日光温室侧视图

根据新安县的地理位置，日光温室的结构图见图 26，其建造技术参数如下：

1. 主要结构参数　日光温室后墙高 2 ~2.5 米，墙内跨度 5 ~7 米，脊高 3 ~3.4 米，后坡投影 0.85 米，后坡仰角 45°，中脊垂点距离后墙 1.55 米。前室面圆拱形，主采光角 24°左右。

2. 拱梁的规格　拱梁全长 9 米，梁宽 10.5 厘米，梁厚 5.5 厘米。

3. 墙体建造技术与施工要求　新安县土质为红黏土，只能采用砖墙或石墙，具体的

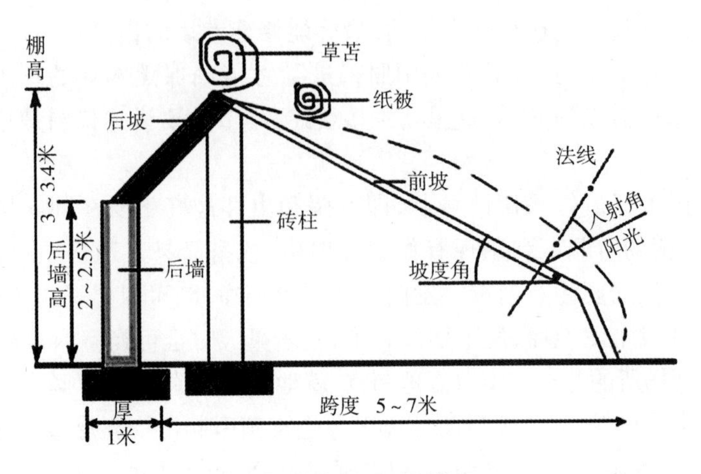

图26 土墙日光温室结构图

操作为:后墙体基础宽48厘米,深40厘米,夯实后,石块砌地基,地面上用实心砖或空心砖垒37厘米高空心墙,水泥砂浆勾缝。后墙垒至拱架内墙高度时,开始每隔1米宽预留宽7厘米、南北长11厘米的拱架窝。东西山墙为50厘米宽的空心墙结构。建筑后墙时,若墙体厚度为37厘米又不做后墙培土时,需每隔3米加垒一个厚50厘米的加强垛,以防止拱架受力后将后墙撑倒。对于黄土的土质,墙体可采用土打的墙,墙体厚度可增加为1米,保温效果更好。

4. 拱架安装 拱架间距不大于1米。按东西长20～30米先架一根,拉线绳找平。两人抬拱架,后墙站一人,将后架角放入预留的拱架窝内,前架角埋入预先挖好的地槽内。将架调直,中间用8号以上铁丝打扣绷紧,或用粗竹竿东西拉住,共有4～5道拉杆连接。整体拱架连好后,用水泥块或石块、木桩等在山墙外做成拉力不小于2吨的地锚。整体连杆从山墙处向后坡倾斜50厘米与地锚绷紧,然后用水泥砂浆将拱架两头灌缝固定。

5. 后坡建造 后坡底层铺放10厘米厚泡沫复合板或用水泥板、木板等做底,上铺炉渣、锯末、柴草等,顶面抹石灰或铺塑料薄膜,后坡厚度不少于30厘米。

6. 塑料薄膜铺放 适用聚乙烯无滴防老化塑料膜,于无风天气铺放。整体绷紧后,塑料薄膜两头用竹竿裹住绷紧,用长钉子钉于山墙上。后坡最好搭至墙基处用土压住,前沿铺至地面留出通风孔,用土压牢,每隔2米用压膜线或废旧电话线南北压住塑料膜。

7. 加盖草帘 按拱梁间隔1米跨度选用宽1.4米的稻草帘,长度最好从前沿地面至后墙基,若后墙保温性能好时可放至后坡下沿,草帘紧密程度以白天从室内向外看,见不到光线为准。为使草帘不受雨雪淋浇,增加使用寿命,可采用筒膜套住草帘的方法,既增加保温效果,又可延长草帘使用期。

行家告诫

以上所讲的参数是一个基本的指标，生产者可以根据地理条件和生产规模，做适当的改动。在改动时要遵循四个比例：一是前后坡比，前屋面与后坡投影比为7∶1；二是高跨比，屋面的起脊高度与跨度比为1∶2.5；三是保温比，前屋面与温室净面积比为1∶1；四是遮阴比，前后两个温室距离，应为前排温室后墙至温室前沿＝温室脊高×2.5。如果不按比例盲目改动，将会影响日光温室的承载力、采光和保暖等。后面介绍的改良日光温室也要遵照这些比例。

（二）改良日光温室

坐北朝南，水泥骨架或竹木骨架，无后坡，墙体厚1米以下，脊高3米，后墙高1.8米左右，长度50米左右，跨度8米左右，有保温覆盖。改良日光温室与日光温室的区别是，改良日光温室没有后坡，造价低，建造相对简单，但保温性能低于日光温室。

（三）塑料大棚

大棚走向依地形，钢架或水泥骨架，无墙，脊高3.5米以上、长度50米、跨度8～12米，有保温和遮阴覆盖。塑料大棚的外观及结构图见图27、图28。

图27　塑料大棚外观

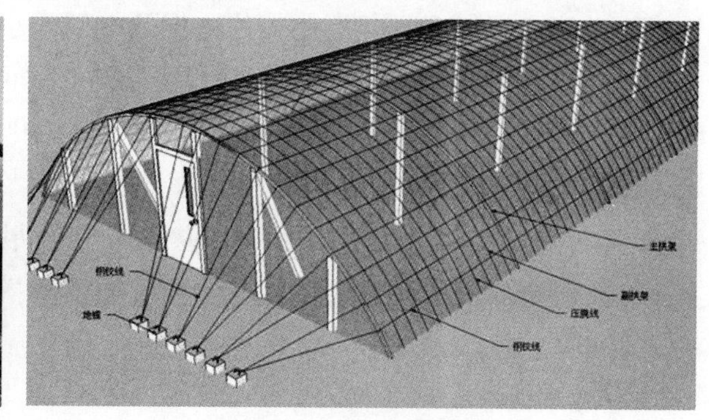

图28　塑料大棚结构图

（四）塑料中棚

中柱高度在2米左右，大小以长15米，宽2.2米为宜。棚长度超过20米易致通风不良，中间要开通气窗，但棚过短则利用率低。塑料中棚的外观见图29。连片的菇棚间距2米，中间留宽50厘米的排水沟，沟深30～40厘米。667米^{2}地可搭建14个棚，有效栽培面积为357米^2，有效利用率为53.5%。

塑料中棚的建造方法：采用南北走向，先用宽3.5～4厘米，长4.2米的竹片搭成2米高的拱形棚架。竹片间距70～80厘米，拱形棚架间用5～6根长竹竿连接固定。棚架两侧再用几根木桩加以固定，以支撑塑料薄膜、草帘。在架好的拱架外覆盖0.04～

图 29 塑料中棚外观

0.06 毫米的聚乙烯塑料薄膜，并用压膜线加以固定。棚两端的塑料薄膜可以启闭，棚两侧的塑料薄膜用竹片夹好后埋入土中。

（五）塑料小拱棚

选择地势高燥，排水畅通，土质稍黏的场地建造塑料小拱棚。建造前，深翻 15～25 厘米，喷洒 0.5% 敌敌畏溶液杀死地下害虫。然后开沟做畦，畦床宜采用南北走向。经常采用的畦床有两种形式：

（1）双畦式　床面宽 160 厘米，中间开小沟，宽 20 厘米，深 20 厘米，形成两条并列畦面。畦床四周筑宽、高各 15 厘米的埂；畦床间开沟，兼作走道用，沟宽 30 厘米，深 40 厘米。畦床上每隔 50 厘米，用竹片一根两端插入小埂泥土中，做成拱形支架，拱顶距床面 50 厘米，在支架上覆盖塑料薄膜，塑料薄膜上面再覆盖草帘，作为保温和遮阴材料。667 米^2 地有效栽培面积约 390 米^2，需用毛竹片 400 根，0.06 毫米塑料薄膜 65 千克，草帘（200 厘米长，130 厘米宽）400 条。

（2）单畦式　床面宽 120～130 厘米，畦床间距 50 厘米，可作走道。畦床两侧各筑宽 12～15 厘米，高 10 厘米土埂，在土埂上插支架搭建小拱棚。单畦式小拱棚的建造方法同双畦式。

（六）半地下式出菇棚

这种菇房上半部分建在地面以上，下半部分建在地面以下，保温保湿性能好。建造时，先在地面上挖坑，一般要求坑深 1.5 米，宽 3 米，长 8～10 米。坑挖成后，先沿坑内四壁用砖砌墙，墙高以高出地面 1～1.5 米为宜，齐地面四周留通风口，每隔 2～3 米一个，然后用沙、灰泥浆粉平。土质坚硬或干旱的地区，也可以不用砖砌墙，四周切削清理整齐，达到牢固结实为准。另外在预留的通风口处建拔风筒，高度 1.5～2 米，或安装换气扇。菇房顶部用塑料薄膜封顶，上面需要覆盖草帘或遮阴网遮阴，也可以在四周种植丝瓜等植物遮阴。

能手谈经

三、生产季节安排

科学安排黑木耳生产季节，满足其各个生长发展阶段所需的条件，可以大幅度地降低生产成本和管理难度，更容易实现高产、优质的目标。

河南省新安县地处北纬34°36′～35°5′，东经111°53′～112°19′，一般海拔700～1 000米，最高海拔1 384.7米。新安县属北暖温带大陆性季风气候，四季分明，春季少雨天干旱，夏热雨大伏旱多，秋高气爽寒来早，冬冷风多雨雪少。境内气候的突出特点是：光热资源充足，降水时空分配不均，以干旱为主的灾害性天气时常出现。

河南省陕县位于北纬34°24′～34°51′，东经110°1′～111°44′。陕县地处中纬度内陆区，属暖温带大陆性季风气候，四季分明，冬长春短。年平均日照为2 354.3小时，全年太阳总辐射量为520.7千焦/厘米^2，全年平均气温为13.9℃。

例如我的一位薛姓朋友住在卢氏县狮子坪乡，海拔高度1 000多米，夏季正午时分气温超过30℃的时间只有3～4个小时，气候冷凉，非常适宜黑木耳菌丝体生长。所以，他每年伏前制袋，高温养菌，秋季出耳，效益挺好。另外一位周姓朋友，住在陕县张湾乡，海拔高度400米左右，夏季最高气温可达40℃以上，他也照搬薛氏模式，高温季节来临后，又是吹电扇，又是喷水降温，都达不到适宜的气温。由于黑木耳菌丝体较弱，很快死亡，菌袋变软，几乎全部扔掉。在生产上，把握好黑木耳适宜的生产季节非常重要，它关乎栽培效益的好坏和栽培的成败。但是，适宜生产季节的确定不光是考虑时间问题，而是要综合考虑气候条件、生态环境、人力资源等诸多因素。

（一）代料栽培的生产季节安排

黑木耳主要以干品进入市场销售的，因此，应尽量按照其生长发育的特点，安排生产。黑木耳属于中温型菌类，根据河南省新安县、陕县的气候条件，一年按照春、秋两季进行生产。

春季生产于2月上旬至3月上旬制袋接种，5月出头茬耳，伏前出耳基本结束。

秋季生产于8月中旬至9月初，气温低于30℃时制袋接种，10月上旬在日光温室内出耳。对于有设施栽培条件者，则可以安排常年进行生产。

（二）段木栽培的生产季节安排

黑木耳菌丝耐低温不耐高温，在外界气温稳定在15℃左右，即可接种。在河南省西部的新安县与陕县，3月初至4月中旬为适宜的接种时期，不宜超过5月上旬，气温过高时接种易感染杂菌。

以上两种生产季节安排，是根据河南省西部地区的气候特点选择，其他地区可以参照新安县和陕县的气候条件，依据当地的气候条件，做合理的变通。

四、为黑木耳选好"种"

栽培品种在很大程度上决定着黑木耳产品的产量、品质和商品性状,甚至决定着生产的成败。那么,应如何选择黑木耳的栽培品种呢?

在品种的选择和引进方面，除了掌握从正规的科研单位引种以外，还要注意对引进的品种先进行小规模试种，观测它在当地生长时各个性状的表现，千万不可引来就大规模栽培，以免造成不必要的损失。

例如1997年7月，我在三明真菌研究所引了3个黑木耳的优良品种。回到家里就紧锣密鼓地开始制作菌种，9月底菌种才勉强长成。我把3个品种各制了2 000袋，菌丝发得特好。到了11月中旬菌袋长满该出耳的时候，有2个品种不出耳。无奈我打电话咨询三明真菌研究所，这才知道我把它们的出耳温型给弄错了。不出耳的那两个都是中温型品种，11月气温太低，不能出耳。

根据多年生产实践和观察，我利用段木生产时经常使用Au05和Au06，表现都很好。

代料栽培黑木耳品种要求菌丝浓密、粗壮有力，分解能力强，适应性广，抗杂菌能力强，生长速度快，出耳早，产量高，品质优等。根据生产实践观察，冀杂3号、Au08、黑1等品种在代料栽培中表现较好，可以推广应用。

特别需要提醒广大生产者的是，生产者在选择引进品种时，不能将在广告上品种特性介绍得很好的品种，直接引回来进行栽培，要先进行出耳试验，根据结果再开始大规模栽培。

能手谈经

五、为黑木耳生产制备优质菌种

在生产实践中，优中选优筛选出适合当地不同栽培模式的黑木耳良种，并有计划地进行应用与保藏储备，你能做到吗？

（一）菌种的特点

黑木耳的菌种其实不是真正意义上的生物种子，它是黑木耳的营养体，也就是我们常说的菌丝体。菌丝体相当于我们常见的农作物的“苗”，其繁殖方法与甘薯相似。由于采用营养体作为繁育的“种子”，普遍存在着三个方面的缺点：一是营养体属于生长体，不属于休眠体，本身含水量大，营养丰富，不耐储存；二是容易退化，每次转接扩繁都有不同程度的退化现象；三是菌种容易获得，易造成菌种混乱。

例如某些菌种经营户或经营单位，把从其他单位引进的品种经过自己转接后，重新命名，这是造成目前菌种市场上出现“同种不同名，同名不同种”现象的主要原因。因此，作为生产者，我们在生产中，应注意甄别，尽量避免这些不利因素。

（二）菌种生产所需的设备和物品

1. 装瓶（袋）机　装瓶（袋）机有机械挤压式和空气冲压式两种。机械挤压式装袋机是利用螺旋挤压送料，种类、型号较多，结构相对较为简单，其三种常见的类型见图30。空气冲压式装袋机根据气压动力原理，自上向下压，该机为立式结构，有多个套筒，价值昂贵，一般用于小型菌种厂，其两种常见的类型见图31。

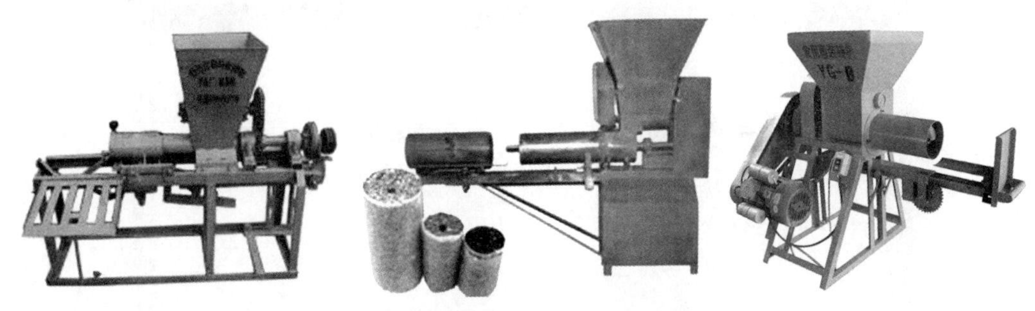

图30　三种常见的机械挤压式装袋机

图31　两种常见的空气冲压式装袋机

2. 高压蒸汽灭菌锅　常用的高压灭菌锅分为手提式（图32）、立式（图33）、卧式（图34）三类。使用高压灭菌锅的步骤为：加水至水位线→培养基装锅→加盖→加热升温→表上压力至0.05兆帕时，打开排气阀排除锅内冷气，使压力降到“0”，排气阀有大量蒸汽冒出时，关闭排气阀→继续升温，表上压力至规定指标，温度达到所需温度时，开始调火稳压到规定时间→停止加热→自然降压到“0”→打开排气阀→松开锅盖，让余热烘干灭菌培养基→取出培养基。

图 32　手提式高压灭菌锅

图 33　卧式圆形高压蒸汽灭菌锅

图 34　立式高压蒸汽灭菌锅

使用高压灭菌锅炉应由操作熟练的专人负责，在锅内压力未降到“0”之前，严禁打开锅盖，以免发生烫伤。

3. 紫外线灯　紫外线灯是接种室、接种箱等场所常用的消毒设备，可单独应用，也可与化学消毒剂配合使用。其三种常见类型见图 35。紫外线灭菌是利用辐射能量进行杀菌的，菌种厂消毒使用的紫外线灯的功率通常为 30 ~ 40 瓦。照射时间不少于 25 分，照射距离不超过 1 米。紫外线的穿透能力弱，一张纸就可挡住一半以上的射线。因此，紫外线只适用于空气和物体表面消毒。另外，紫外线对人体有伤害作用，不要在开启紫外线灯的情况下工作。

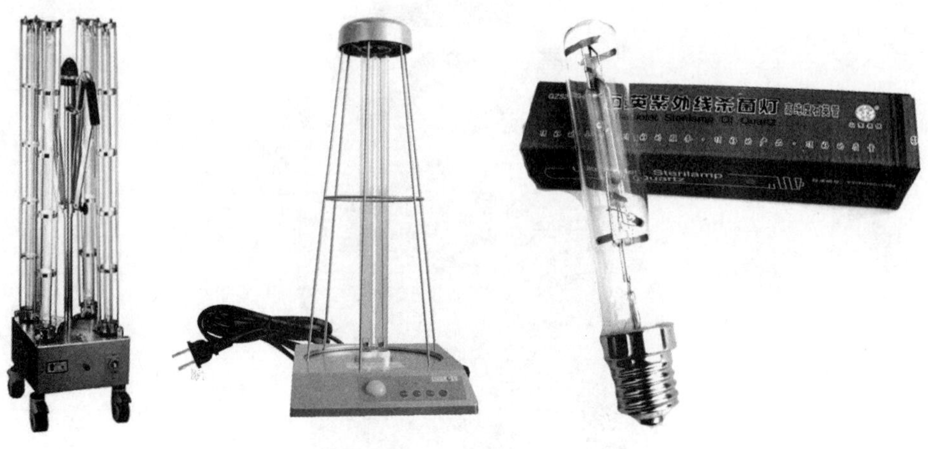

图 35　紫外线灯

4. 接种设备与工具　接种设备主要包括接种箱（图 36）、超净工作台（图 37），接种工具主要包括酒精灯及接种针、接种铲、接种镊等，如图 38 所示。

图 36　接种箱

图 37　超净工作台

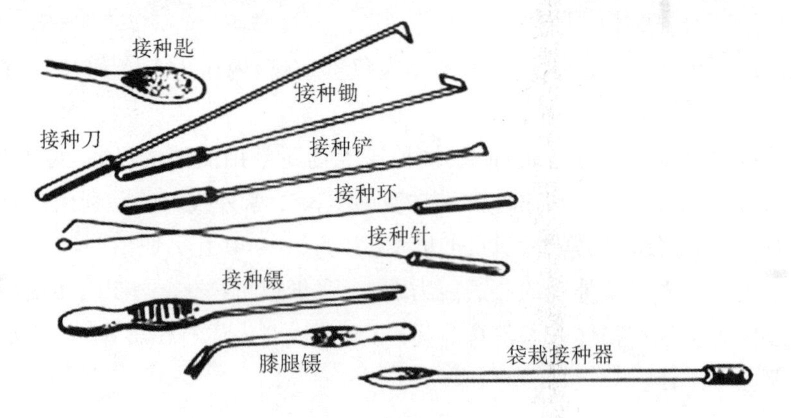

图 38　接种工具

5. 常用消毒剂　升汞、70% ~75% 酒精、高锰酸钾、过氧乙酸、福尔马林、来苏儿、苯酚、新洁尔灭、气雾消毒盒。

(三)菌种的分级

黑木耳菌种是指由黑木耳的菌丝体及其生长培养料组成的繁殖材料。在实际生产中,应用最为广泛的是根据菌种的来源、繁殖代数及其生产目的,把菌种分为三级,即母种(一级种)、原种(二级种)和栽培种(三级种)。

1. *母种* 是指从大自然首次分离得到的纯菌丝体。因其在试管里培养而成,并且是菌种生产的第一程序,因此又称试管种或一级种,见图39。在试管斜面上再次扩大繁殖后,则形成再生母种,所以生产用的母种实际上都是再生母种。母种既可以繁殖原种,又可用于菌种保藏。

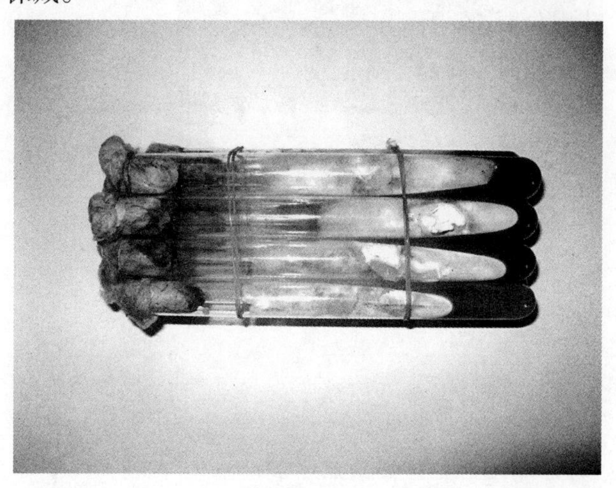

图39 母种

2. *原种* 是指将试管菌种进一步转接在麦粒、棉子壳、木屑等固体培养料上繁殖而来的菌种,也称为二级种,见图40。原种主要用于菌种的扩大培养,有时也可以直接作为生产用种,或用于直接出耳。1支母种通常可以转接4~6瓶原种。

图40 原种

3. *栽培种* 是指由原种进一步转接在麦粒、棉子壳、木屑等固体培养料上扩大繁殖而来的菌种,它直接用于生产,又称为生产种和三级种,见图41。

图 41　栽培种

根据每一级菌种都可以直接用于生产的特点，生产者可以按照自己的实际情况，灵活掌握。但要注意的是，在遇到急需缩短菌种生产周期或者短期内急需大量菌种的情况下，可以通过扩制母种的方法来进行，并保证母种扩制不要超过 3 次，千万不要用原种扩制原种，再扩制成栽培种，或者用栽培种扩制栽培种。

（四）母种生产

由自己分离培养获得的母种，或从专门研究部门引进的母种数量有限，一般都要进行一次扩大繁殖，以增加母种数量，再用于繁殖原种。母种繁殖的代数不可过多，一般以繁殖 2～3 代为宜，否则会降低菌种的生活力，影响产量和质量。一支斜面试管菌种，可再转接 30～50 支母种。

1. 母种培养基配方与制作　母种菌丝较弱，分解养分能力差。需选用易于被菌丝吸收利用的物质，如葡萄糖、蔗糖、马铃薯、蛋白胨、无机盐类及生长素等为原料进行制作。

（1）马铃薯葡萄糖琼脂（PDA）培养基　马铃薯 200 克，葡萄糖 20 克，琼脂 20 克，水 1 000 毫升。

制作方法：选择质量好的马铃薯，去皮，挖去芽眼，削掉青绿部分（图 42），切成薄片（图 43）。称取马铃薯切片 200 克、加水 1 000 毫升，煮沸后，小火保持 20～30 分。然后用4层沾湿纱布过滤(图44),滤液中加入琼脂、葡萄糖,继续加热,并不断用玻璃棒搅拌直至琼脂完全溶化,最后用清水补足至1 000毫升,进行分装(图45)。

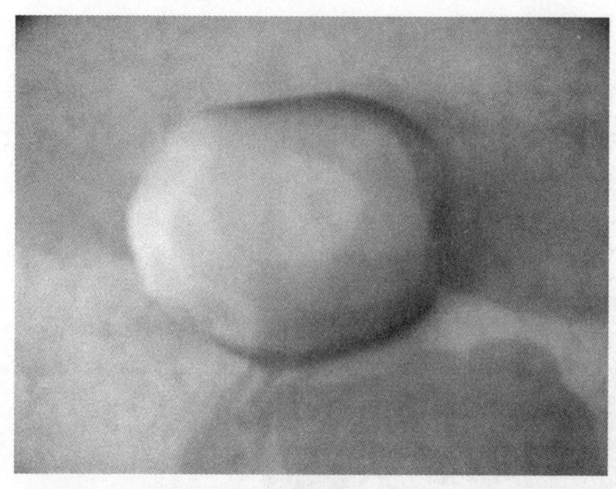

图42　削皮马铃薯

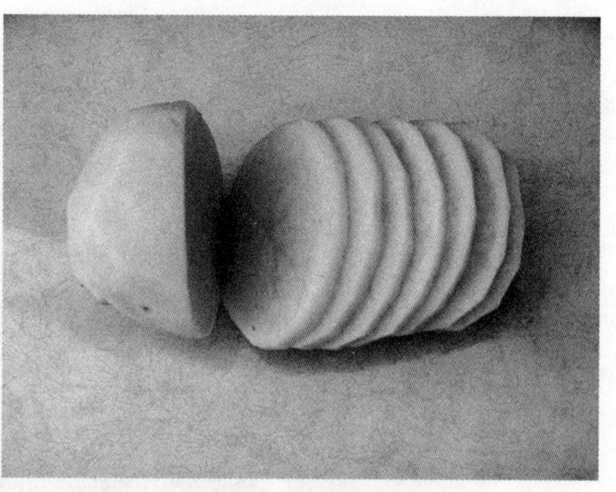

图43　马铃薯切片

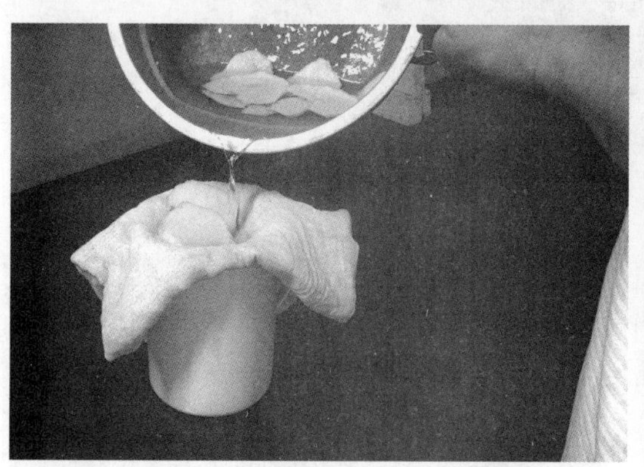

图44　过滤

图45　分装

(2)马铃薯综合培养基　马铃薯200克,葡萄糖20克,磷酸二氢钾3克,硫酸镁1.5克,维生素$B_1$0.05毫克,琼脂18~20克,水1 000毫升。

制作方法:同马铃薯葡萄糖琼脂(PDA)培养基。

(3)马铃薯酵母膏培养基　马铃薯200克,葡萄糖20克,酵母膏1.5克,琼脂18~20克,水1 000毫升。

制作方法:同马铃薯葡萄糖琼脂(PDA)培养基。

2.母种培养基分装　制备好的母种培养基,要趁热尽快分装试管。分装时用玻璃漏斗架在滴定架上,下接一段乳胶管,用止水夹夹住胶管,左手握试管,右手调节止水夹控制培养基流量,使每支试管装量相当于试管长度的1/5~1/4。在分装时应注意不要将培养基沾在管口上,以免引起污染。培养基分装好后塞上棉塞,棉塞松紧度要适宜,用手抓住棉塞不脱落为宜。棉塞塞入管中的部分约为2厘米,外露部分约占棉塞总长的1/3。这样既有利于通气,又可避免杂菌侵入,同时便于拔取。棉塞塞好后,一般10支捆成一把,并在试管上部包一层牛皮纸或两层报纸扎好,这样做是为了防止在灭菌时棉花受潮。

3.母种培养基灭菌与摆斜面　将包扎好的试管竖直放入高压灭菌锅内,在0.11兆帕的压力下保持30分。灭菌完成后，关闭热源，当压力降至“0”后，打开排气阀，由小到大，由慢到快，放净蒸汽。最后，再微开锅盖，让水蒸气缓缓放出，用余热烘干棉塞。灭菌后，取出试管，将试管摆成斜面，斜面长度为试管总长度的1/3～1/2，凝固后即成斜面培养基，见图46。

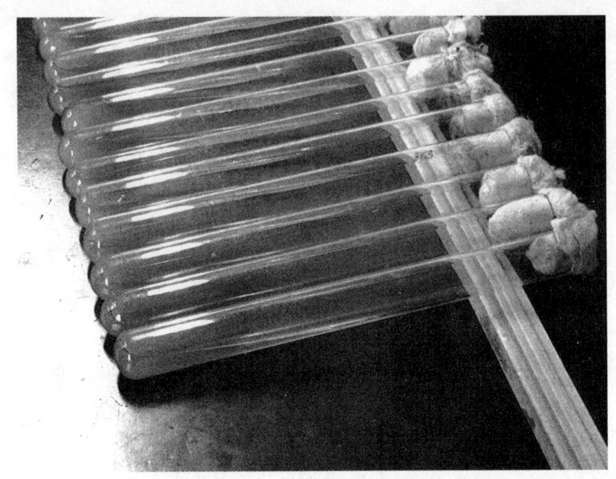

图46　斜面培养基

4. 母种接种与培养　接种在接种箱中或者超净工作台上进行。接种时，手用75%的酒精棉球擦拭消毒，然后点燃酒精灯，左手平行并排拿起母种试管和供接种用的空白斜面试管，两支试管斜面要向上，管口要齐平。右手拇指和食指持接种针，在火焰上灼烧灭菌，见图47。将左手试管移至火焰旁，用右手的小指、无名指和手掌，在火焰旁分别夹下两试管的棉塞，将试管口在火焰上稍微烤一下，以杀灭管口上的杂菌，随后将管口移至距火焰1～2厘米处，用冷却了的接种针挑取一小块母种，迅速移入空白斜面培养基的中后部，轻轻抽出接种针，再烤一下试管口，迅速塞上过火焰的棉塞，如此连续操作，1支母种一般可扩接试管30～50支。接种后在试管正面的上方贴上标签，写明菌种编号、接种日期，放在培养箱中于24℃下培养约15天即可使用。

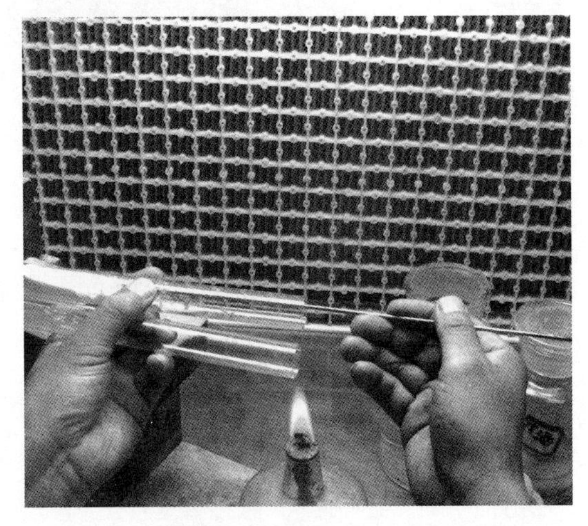

图47　火焰灼烧灭菌

（五）原种、栽培种生产

原种是由母种繁殖而来，主要用于繁殖栽培种，栽培种是直接用于生产栽培的菌种，以满足大量繁殖栽培种的需要。原种和栽培种通常以谷粒、木屑、棉子壳等为主要原料制成。

1. 原种、栽培种培养基配方及制备

（1）谷粒培养基　麦粒（小麦、大麦、燕麦、高粱等）97%，石灰2%，石膏1%，含水量50%～55%，pH6.5～7.0。谷粒菌种制作方便，使用效果比较好，应用广泛。

制作方法：选取无霉变、无虫蛀饱满谷粒，去除杂质，浸泡3～4小时，加水煮沸至谷粒膨大变软无白心而皮不破裂为止，煮后捞出滤掉水分，稍晾干，加石膏、石灰拌匀后装瓶。

（2）木屑培养基　木屑80%，麦麸18%，石灰1%，石膏1%。

制作方法：①过筛。先将原料过筛剔除针棒和有角棱的硬物以防刺破塑料袋。②混合。按配方要求比例称取干燥、无霉变的阔叶树木屑、麦麸、石膏、石灰等原辅材料，充分拌匀。③加水。将干料堆从顶部向四周摊开加入清水，翻拌均匀，用扫帚将湿团打碎，使水分被材料充分吸收。30分后检查含水量，以含水量在60%左右为宜。④pH测定。培养基的pH以6.5～7为宜。⑤装瓶（袋）。拌匀后装瓶或装袋。

（3）棉子壳培养基　棉子壳88%，麦麸10%，石灰1%，石膏1%。

制作方法：先按配方要求比例称取棉子壳、麦麸、石灰和石膏，将原料混匀后，加水调湿，调节含水量达65%左右，装瓶或装袋。

2. 原种、栽培种培养基装料与灭菌、接种

（1）装瓶　原种和谷粒栽培种一般装在750毫升菌种瓶中。木屑、棉子壳培养料装至瓶肩处，装料要松紧适宜，上下一致，然后用锥形捣木从瓶的中央向下扎一个洞，直至瓶底，以增加瓶内的透气性。谷粒原料装至大半瓶。装瓶后将瓶身擦干净，塞上棉塞，用牛皮纸或两层报纸包好瓶口，用线绳扎紧。

（2）装袋　木屑和棉子壳栽培种一般选用17厘米×35厘米的聚丙烯或聚乙烯塑料袋。培养料装入塑料袋中，要求装料松紧适宜。装好料后用线绳将塑料袋口扎紧，或者用颈圈套在塑料袋口，并将袋口翻下来，套在颈圈外，然后盖上与颈圈配套的盖子或塞上棉塞，最后将袋身擦干净。

（3）灭菌　培养料装瓶（袋）后要及时灭菌，尤其是夏季高温季节制种，自然温度高，培养料很容易发酵、变酸、腐败。由于原种、栽培种数量一般比较多，体积大，所以灭菌时采用容积比较大的立式或卧式高压灭菌锅或者自建的常压灭菌灶。如果用高压灭菌锅，要求在0.15兆帕的压力、126℃的温度条件下保持2～3小时，见图48。如果用常压灭菌灶则需要在温度100℃条件下，保持12～15小时，并闷一夜方可达到灭菌的目的。

图48　高压灭菌锅灭菌

（4）接种　原种、栽培种接种

时，必须在接种室或接种箱内，按无菌操作规程进行。

1）原种接种　原种接种时，先认真检查供接种用的母种的纯度和生活力，即检查试管内或棉塞上有无杂菌孢子及杂菌侵染造成的拮抗线等可疑现象。淘汰有明显杂菌侵染或有怀疑的菌种、老化菌种、菌丝稀疏或索状菌丝太多的菌种。

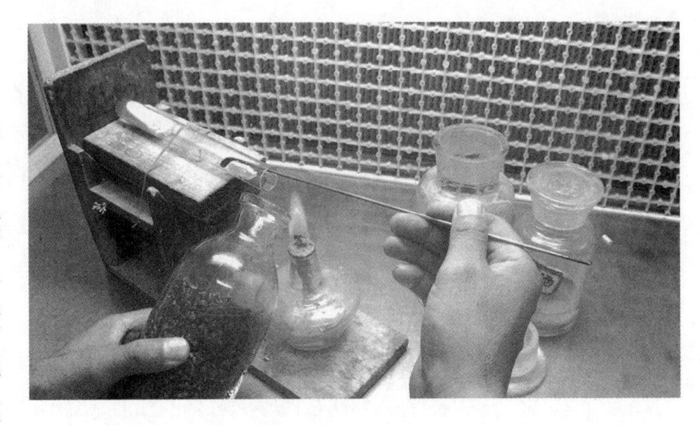

图 49　母种接原种

接种时，取母种 1 支在酒精灯火焰上方拔掉棉塞，清除接种块和干瘪的培养基，固定在瓶架上。左手瓶口向上拿待接种的菌种瓶，拔去菌种瓶的棉塞，用酒精灯火焰封住瓶口，见图 49。火焰与瓶口相距 1～1.5 厘米，不要直接灼烧瓶口，以防炸裂。用右手持接种锄火焰灭菌，放在母种试管内侧冷却，然后切取蚕豆大小斜面菌种一块，通过酒精灯火焰上方送入菌种瓶内，固定在接种穴上。每支母种可接原种 4～6 瓶，接种后贴上标签，写上菌种编号，送入培养室适温下培养。

2）栽培种接种　栽培种接种时，将已挑选好的原种用 70%～75%酒精棉球对瓶外壁进行消毒处理，然后拔去棉塞，用火焰封住瓶口，固定在菌种瓶架上，原种转接栽培种示意图见图 50。若棉塞受潮生霉或有可疑现象时，一般弃去不用。若必须使用时，用一张干净白纸包住瓶口，用棉球点燃后反复擦拭瓶壁及瓶底，用小铁锤去掉瓶底后固定在菌种瓶架上，从瓶底取种接种，此类菌种只用中、下部分菌种，上部弃去不用。栽培种接种时，根据需要可单人接种或双人配合接种。单人操作时，用左手持菌种瓶，右手拔去棉塞或封口纸，用酒精灯火焰封住瓶口，棉子壳、木屑菌种，用 25 厘米大号镊子，经

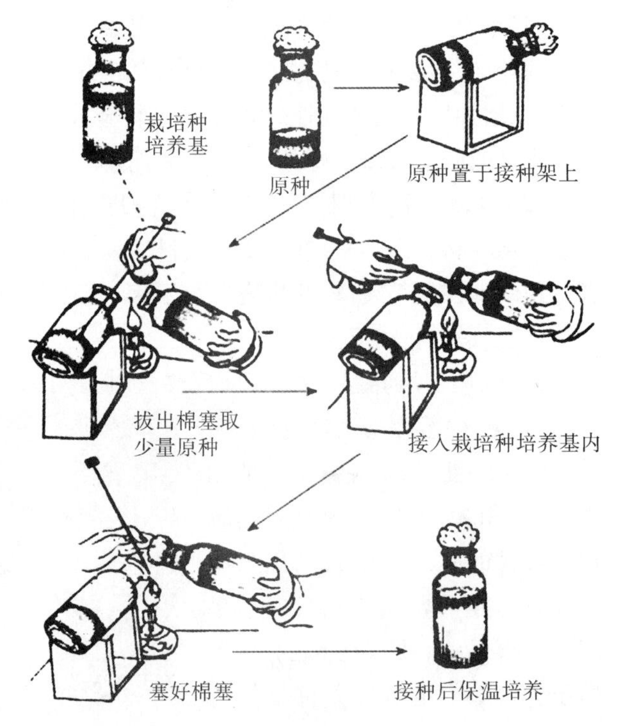

图 50　原种转接栽培种示意图

火焰灭菌冷却后，在原种瓶内取原种接种。谷粒菌种用接种匙挖取菌种接种。若双人操作，一人负责持原种瓶，夹取菌种接种，另一人负责开口，接种方法同上。若栽培种容器为塑料袋，接种时一般采用双人操作。一般一瓶原种两头接种可扩接 20～30 袋栽培

种。

3. 原种、栽培种的培养　原种、栽培种数量多，体积大，一般在培养室中培养原种及栽培种，培养室见图51、图52。

图51　原种培养室

图52　栽培种培养室

培养室在使用前2天先进行消毒处理，为菌种生长提供一个洁净的环境。消毒采用福尔马林熏蒸法，1米^{3}福尔马林用量10毫升、高锰酸钾5克混合密闭熏蒸消毒，或用气雾消毒盒点燃熏蒸消毒。

菌种培养期间，培养室温度要求在22～26℃，使菌丝在适温下生长。同时要注意室温和料温之间的差异，观察室温和料温变化，并根据变化情况采取相应的管理措施，防止菌种堆积过多，内部菌种热量散发不出去，中心温度太高而造成烧菌。

培养期间要经常进行杂菌污染检查，发现有杂菌污染的要立即挑出。开始检查应3天一次，7天和15天应做两次重点检查。当菌丝封面并向下深入1～2厘米时，可改为

每周检查一次。挑杂工作应逐瓶、逐袋细致进行，不可采取抽样检查，否则像毛霉、根霉等霉菌感染，若不及时挑出，到菌丝长满后会被覆盖，很难发现，从而导致菌种不纯，给生产带来十分严重的危害。同时要结合检查，调整菌种摆放位置。

培养室内要保持空气新鲜和室内清洁卫生，湿度控制在70%以下。若湿度过大应加强通风或用生石灰块吸潮。黑暗有利于菌丝生长，绝对不允许有直射光线照到菌种上。要做好杀虫、灭鼠工作。接种后5～7天，菌块仍没萌发的，要及时进行补种。二、三级菌种一般培养30～40天，培养好后要及时使用。

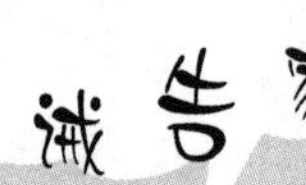

因为菌种是用来扩大繁殖用的，一定要保证菌种的纯度和菌丝的强壮，不允许有任何的杂菌，不允许有任何不良表现的菌丝性状。在菌种的培养过程中，要勤于检查，母种隔天全面检查一次，原种和栽培种生长初期3天全面检查一次，当菌丝封面并向下深入1～2厘米时，可改为每周全面检查一次。发现在培养基中有区别于黑木耳菌丝的颜色，菌丝有不正常的表现，培养基有不正常的变化，或者出现某些异常现象，都要及时剔除整支或整瓶（袋）菌种，且不可不舍得淘汰，从而造成更大的损失。

（六）菌种质量要求及质量判定

1. 优质菌种外观质量的共性特征　优质黑木耳菌种必须同时具备高产、优质、抗逆性强、无杂菌、无虫害等特性。判定菌种质量的感官依据为：容器内的黑木耳菌丝体白度均匀、菌丝生长势好、菌丝均匀一致。

（1）纯度　优质菌种必须是没有感染其他任何杂菌的纯菌丝体。

（2）长势　菌种的长势包括菌丝生长的状态和速度，菌丝生长速度快、菌丝健壮，视为优良菌种，而菌丝生长稀疏、参差不齐、速度缓慢的菌种被视为不良的菌种。

（3）色泽　优良的黑木耳菌种色泽洁白，若菌丝色泽白中带黄，或白中带绿，说明菌种感染了霉菌，若菌丝出现红色的液滴，说明菌种菌龄较长趋于老化。

（4）均匀度　菌种的均匀度取决于菌种的纯度和培养基的均匀度。菌种纯，均匀度就好。

2. 各级菌种的外观要求

（1）母种　母种感官要求应符合表1。

表1　母种感官要求

项　目		要　求
容　器		完整,无损
棉塞或无棉塑料盖		干燥、洁净、松紧适度,能满足透气和滤菌要求
培养基灌入量		为试管总容积的1/5~1/4
培养基斜面长度		顶端距棉塞40~50毫米
接种量(接种块大小)		(3~5)毫米×(3~5)毫米
菌种外观	菌丝生长量	长满斜面
	菌丝体特征	菌丝洁白、整齐地平铺于斜面上
	菌丝体表面	均匀、平整、无霉变
	菌丝分泌物	无
	菌落边缘	整齐
	杂菌菌落	无
斜面背面外观		培养基不干缩,颜色均匀、无暗斑、无色素
气　味		有黑木耳菌种特有的香味,无酸、臭、霉等异味

(2)原种　原种感官要求应符合表2。

表2　原种感官要求

项　目		要　求
容器		完整,无损
棉塞或无棉塑料盖		干燥、洁净、松紧适度,能满足透气和滤菌要求
培养基上表面距瓶口的距离		50毫米±5毫米
接种量(每支母种转接原种数,接种物大小)		(4~6)瓶(袋),≥12毫米×15毫米
菌种外观	菌丝生长量	长满容器
	菌丝体特征	洁白浓密、生长旺健
	菌丝体表面	生长均匀、无霉变,无高温抑制线
	培养基及菌丝体	紧贴瓶(袋)壁,无干缩
	表面分泌物	无
	杂菌菌落	无
	拮抗现象	无
气　味		有黑木耳菌种特有的香味,无酸、臭、霉等异味

(3)栽培种　栽培种感官要求应符合表3。

表3　栽培种感官要求

项目		要求
容　器		完整,无损
棉塞或无棉塑料盖		干燥、洁净,松紧适度,能满足透气和滤菌要求
培养基面距瓶(袋)口的距离		50毫米±5毫米
接种量每瓶(袋)原种接栽培种数		(30~50)瓶(袋)
菌种外观	菌丝生长量	长满容器
	菌丝体特征	洁白浓密,生长旺健
	不同部位菌丝体	生长均匀,无霉变,无高温抑制线
	培养基及菌丝体	紧贴瓶(袋)壁,无干缩
	表面分泌物	无
	杂菌菌落	无
	拮抗现象	无
气　味		有黑木耳菌种特有的香味,无酸、臭、霉等异味

3. 液培法检测菌种质量　用2%糖水制成液体浅层培养基,经常规灭菌,以无菌操作接入黄豆粒大小被检菌种,于25℃下静止培养5~7天。如液面出现气泡,液膜或溶液混浊,则说明该菌种含有杂菌,为劣质菌种;反之,则为优质菌。另外,还可以将菌种块悬浮在培养液中通过观察菌丝生长速度与厚度来判断该菌种的生活力,如菌丝生长快,菌丝层厚,说明该菌种生命力强,是优质菌种,反之为劣质菌种。

(七)菌种保藏

菌种保藏是运用物理、生物手段让菌种处于休眠状态,使在长时间储存后仍能保持菌种原有生物特性和生命力的菌种储存的措施。

在菌种的生命活动中,由于受外界不良条件或病毒的危害,往往会发生退化。如长期高温会使菌丝生命力降低;接种时菌种常会受到消毒药剂和火焰高温的伤害而发生退化;挑取菌种进行接种时可能在无意中造成某一形态的菌丝比例多,而另一形态的菌丝减少;长期传代繁殖菌种很可能被病毒侵染。如此种种情况,都会使菌种发生退化。菌种保藏是通过降低基质含水量,降低培养基营养成分,或利用低温或降低氧分压的方法限制食用菌的呼吸、生长,抑制其新陈代谢,使其处于半休眠或完全休眠状态,以显著延缓菌种衰老速度,降低发生变异的机会,从而使菌种保持良好的遗传特性和生理状态。

1. 菌种保藏的要点　①选择适宜的培养基、培养温度和菌龄,以便得到健壮的菌种细胞或孢子;②保存于低温、隔氧、干燥、避光的环境中,尽量降低或停止微生物的代谢活动,减慢或停止生长繁殖;③不被杂菌污染,在较长时期内保持生活能力。菌种保藏的两种形式见图53。

图53　两种菌种保藏形式

作为营养体的菌丝体菌种的保藏,营养生长不能很旺盛,生长速度不能非常快。培养基营养成分丰富,温度较高,生长速度快的菌种,衰老速度也快。衰老的菌丝作菌种保藏后,菌丝复活程度较差,生长势也不好,菌种容易退化。营养体保藏的菌种,培养基营养成分应略贫乏,含水量和培养温度应稍低些,这样,菌丝生长速度较慢,生长势也不会太旺盛,菌丝衰老速度也慢。

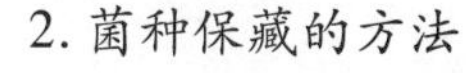

2. 菌种保藏的方法

(1)斜面菌种低温保藏

1)培养基　一般用PDA培养基。

2)接种　接种保藏用的菌种,菌丝应健壮。用前端的菌丝作接种材料。接种时要防止火焰高温、消毒药液对菌种的伤害。

3)培养　在适宜温度或略低于最快生长温度下培养。黑木耳菌种应在22℃左右培养,培养时试管表面用8层厚的纱布或薄棉被覆盖避光。

4)保藏菌种的质量要求　菌丝生长整齐,长到培养基面积2/3时。

5)保藏方法　用牛皮纸或硫酸纸将试管和棉塞包好,放在清洁的小木盒中。木盒

上注明菌种的名称、保存日期、经手人姓名,再放在4℃的条件下保藏。保藏菌种的冰箱不要经常开启,保持温度稳定。

(2)斜面菌种液状石蜡保藏　液状石蜡保藏是用灭菌并除去水分的液状石蜡灌入母种试管中,使菌体与空气隔绝,以降低其生命活动水平,并阻止水分散失的方法来保藏。液状石蜡保藏,蜡层下氧含量低,菌丝呼吸水平极低,培养基营养消耗速度极慢,菌种不易老化、退化,可较长时间保藏。液状石蜡保存分液状石蜡灭菌、脱水处理、灌液状石蜡、封口等几个步骤。

(3)基质培养基菌种的保藏　基质培养基保存是用原种、生产种的培养基保存菌种。基质培养中有丰富的迟效性养分,菌丝会分解培养基中复杂养分并利用其生长。

培养基配方与正常原种相同,但培养料应稍坚实。培养料的含水量应比生产用培养料含水量低2%左右。培养基较坚实,含水量较低,可降低菌丝生长速率,降低培养基中空气含量,降低呼吸强度,从而延缓衰老。该方法保存时间短,只可用于短期内的保藏。

(4)蒸馏水保藏　保藏时,用接种钩、接种铲将斜面菌种切割成米粒大小,然后把米粒大小的斜面菌种放在蒸馏水保藏管中,每管放7~8粒菌种。

(5)液氮超低温保藏　该保存方法需要较高的条件,一般生产者不具备这样的条件,如果采用这样的方法,可以借用保存疫苗的相关部门的设备进行菌种的保存。

液氮内的温度为-196℃,在-196~-136℃下,黑木耳菌丝生长、呼吸、新陈代谢处于完全停止状态,菌丝不会衰老,从而能使菌种保存很长时间而不退化。液氮超低温保藏菌种,需要有液氮罐、菌种保存管和保存液。常用PDA培养基菌种或麦粒培养菌种。保存容器可用冻存管或安瓿管。保存程序:培养菌种→菌种中加入保存液→预冷→放入液氮罐。

(6)营养液保藏法　营养液配制:马铃薯汁约900毫升,葡萄糖16克,磷酸二氢钾0.3克,硫酸镁0.15克,最后补加蒸馏水使总容积到1 000毫升。每支12毫米×16毫米的试管中灌入营养液5毫升,用棉塞塞管口,在0.13兆帕蒸汽压下灭菌40分。冷却后,在超净台中移入待保存的菌种,菌种在移入前,先用接种钩将其分割成绿豆粒大小,每管移入7~8粒,同时用灭过菌的软木塞或橡皮塞更换棉塞,然后放入4℃左右冰箱中保存。保存期间菌丝还会微量生长,可在液面形成菌膜,并向管壁上方生长,一般可保存2~3年。

(7)生理盐水保藏法　先在试管中加入生理盐水,用棉塞塞住管口,在0.15兆帕蒸汽压下灭菌40分。冷却后,在无菌箱中将斜面菌种切割成绿豆粒大小,并移至灭过菌的生理盐水管中,每管放7~8粒。菌种放入生理盐水管中后,用灭过菌的软木塞或橡皮塞塞好管口,再放入4℃左右冰箱中。该法可保存1年左右。

(八)菌种的退化、提纯与复壮

1.菌种的退化

(1)菌种退化的原因　菌种退化是指在菌种培养或保藏过程中,由于自发突变,出现某些原有优良生产性状丢失的现象。在生产中,导致菌种退化的原因有以下两个方面：

1）连续传代　连续传代是加速菌种衰退的一个重要原因。一方面，传代次数越多，发生自发突变的概率越高；另一方面，传代次数越多，群体中个别的衰退型细胞数量增加并占据优势，致使群体表型出现衰退。

2）不适宜的培养和保藏条件　不适宜的培养和保藏条件是加速菌种衰退的另一个重要原因。不良的培养条件和保藏条件如营养成分、温度、湿度、pH、通气量等，不仅会诱发衰退型细胞的出现，还会促进衰退细胞迅速繁殖，在数量上大大超过正常细胞，造成菌种衰退。

（2）预防菌种退化的方法

1）保证菌种的纯度　分离获得的菌种，要进行充分的后培养及分离纯化，以保证保藏菌种纯粹，可有效地防止菌种的退化。

2）选用合适的培养基　选取营养相对贫乏的培养基作菌种保藏培养基，如培养基中适当限制容易利用的糖源，如葡萄糖等的添加，因为变异多半是通过菌株的生长繁殖而产生的，当培养基营养丰富时，菌株会处于旺盛的生长状态，代谢水平较高，为变异提供了良好的条件，大大提高了菌株的退化概率。

3）创造良好的培养条件　在生产实践中，创造一个适合菌种生长的条件可以防止菌种退化，如低温、干燥、缺氧等。

4）控制传代次数　由于微生物存在着自发突变，而突变都是在繁殖过程中发生而表现出来的。所以应尽量避免不必要的移种和传代，把必要的传代降低到最低水平，以降低自发突变的概率。菌种传代次数越多，产生突变的概率就越高，因而菌种发生退化的机会就越多。在生产实践上，必须严格控制菌种的移种传代次数，并根据菌种保藏方法的不同，确立恰当的移种传代的时间间隔。

5）采用有效的菌种保藏方法　要研究和制定出有效的菌种保藏方法以防止菌种退化。如同时采用斜面保藏和其他的保藏方式，以延长菌种保藏时间。

2. 菌种的提纯　菌种提纯就是采用无菌操作技术，把某一菌种从混杂的微生物群中分离出来。菌种分离是菌种提纯的基本方法。通常食用菌采用的分离方法有：孢子分离、组织分离和基内菌丝分离三种，基内菌丝分离又分为耳木菌丝分离和土中菌丝分离。由于黑木耳子实体属于胶质，不适于组织分离，一般采用孢子分离和耳木菌丝分离两种方法。

（1）孢子分离法　食用菌的孢子分离方法有单孢子分离法和多孢子分离法两种，黑木耳属于异宗结合的菌类，应采用多孢子分离法，否则菌丝不育，培育成的菌丝体不能产生子实体，不能用作菌种。多孢子分离法就是把许多孢子接种在同一培养基上，让它们萌发、自由交配来获得食用菌纯菌种的一种方法。食用菌的多孢子分离法有整耳播种法、钩悬法、贴附法、抹取孢子法、孢子印分离法、空中孢子捕捉法、简易收集法等。根据黑木耳子实体的特点，实践中，常采用孢子弹射法、钩悬法和贴附法。具体操作方法如下：

孢子分离法的操作程序：选择种耳→种耳消毒→采收孢子→接种→培养→挑菌落

→纯化菌种→母种。

1)孢子弹射法　选择个体健壮、无病虫害、出耳均匀、高产稳产、适应性强的八九分成熟的种耳,切去大部分耳柄,用无菌水冲洗数遍后再用已灭菌的纱布或脱脂棉、滤纸吸干表面水分。在接种箱或无菌室内,把种耳的生殖面朝下用铁丝倒挂在玻璃漏斗下面,漏斗倒盖在培养皿上面;上端小孔用棉花塞住。培养皿放在一个铺有纱布的搪瓷盘上,静置12~20小时,耳片上的孢子就会散落在培养皿内,形成一层粉末状孢子印。用接种针沾取少量孢子,在试管中的琼脂外面或培养皿上划线接种。待孢子萌发,生成菌落时,选孢子萌发早、长势好的菌落进行试管培养。孢子收集器见图54。

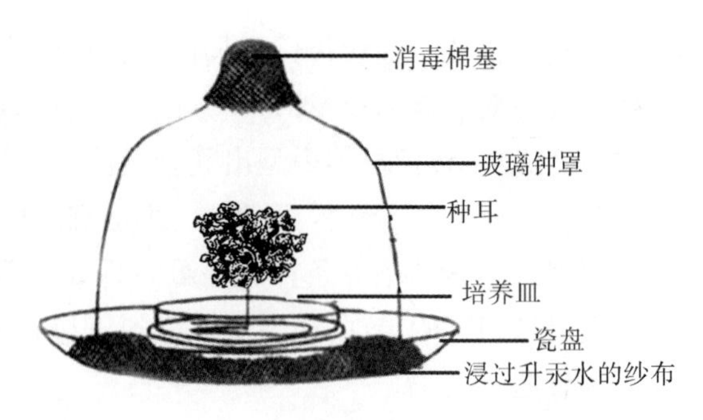

图54　孢子收集器

2)钩悬法　取几片成熟的耳片,用无菌不锈钢丝(或铁丝、棉线等其他悬挂材料)悬挂于三角瓶内的培养基的上方,勿使接触到培养基或四周瓶壁,见图55。置适宜温度下培养、转接即可。

3)贴附法　按无菌操作将成熟的菌耳片取一小块,用熔化的琼脂培养基或阿拉伯胶等贴附在试管斜面培养基正上方的试管壁上。经6~12小时的培养,待孢子落在斜面上,立即把孢子连同部分琼脂培养基移植到新的试管中培养即可。

图55　钩悬法采集孢子

孢子分离得到的母种,必须进一步提纯复壮,当母种定植1周左右,菌丝布满斜面时,选择菌丝健壮、生长旺盛、无老化、无感染杂菌的母种试管,进而转管扩大,一般到栽培种,转管不宜超过5次。

(2)耳木菌丝分离法　耳木菌丝分离法与组织分离法不同之处是,干燥的菇木或耳木中的菌丝常呈休眠状态,接种后有时并不立刻恢复生长。因此,有必要保留较长的时间(约1个月),以断定菌丝是否能成活。

为了减少杂菌的感染,耳木在分离之前,必须进行无菌处理。可以把耳木表面用酒精灯火焰轻轻灼烧,以烧死霉菌的孢子,或再用0.1%的升汞水浸泡几分,然后用无菌水冲洗后用无菌滤纸吸干。接种块切取时应注意,接种块必须在该菌菌丝分布的范围内切取。同时,还应根据木材质地、耳木粗细、发育时间的长短来确定菌丝分布的范围,然后用利刀进行切取。接种块应尽量小些,以减少杂菌感染的机会,提离菌种的纯度。接种块移到培养基上,就应该放到适合菌丝生长的22~26℃的温室或温箱中培养,使菌丝恢复生长。

菌种分离既可以用作获得新菌株的方法，又可用于菌种的提纯。无论用于什么目的，其操作方法都是一样的。由于菌种分离是把黑木耳菌种从混杂的微生物群中分离出来，既要避免分离不彻底，不能达到纯化的目的，又要避免重新带入新的微生物，造成更大的混杂。因此，在操作过程中一是要严格按照无菌操作技术进行；二是要经常进行细致的检查，及时挑出混杂的菌株。

3. 菌种的复壮　生产上使用的菌种要经常进行复壮，目的在于保证菌株的优良性状和纯度，防止退化。复壮的方法有分离提纯法、活化移植法、更换营养法和创造环境法等。

(1)分离提纯法　也就是重新选育菌种。具体方法是在原有的优良菌株中，通过栽培出耳，然后对不同的菌株进行对照选择，挑选性状稳定、没有变异、耳形良好、品质优良的种耳，对其再次分离，使之继代。

(2)活化移植　菌种在保藏期间，通常每隔 3 ~4 个月重新移植一次，并放在适宜的温度下培养 1 周左右，待菌丝体布满斜面后，再用低温保藏。但应注意在培养基中添加磷酸二氢钾等盐类，缓冲培养基酸碱度变化。

(3)更换营养法　各种菌类对培养基的营养成分往往有喜新厌旧的现象，连续使用同一培养基或同一种原料，会引起菌种退化。因此，应注意变换原料或培养基配方，以增强菌种的活力。

(4)创造环境　一个品种优良的菌种，如果传代次数过多，或受外界环境影响，也常造成衰退。因此，创造适宜的温度条件，并注意通风换气，保持室内干燥，使其在适宜的生态条件下，稳定性状，健康生长。

(九)菌种生产时间

菌种生产时间安排一般根据黑木耳栽培季节的安排而确定，菌种生产一般母种于栽培袋接种前 95 天左右制备，原种于栽培袋接种前 80 天制备，栽培种于栽培袋接种前 40 天左右制备。

能手谈经

六、栽培原料的选择、处理与配制

科学处理和配制原料，能够最大限度地减少原料的成本，能够为黑木耳各个时期的生长发育提供全面、均衡的养分，是获得优质、高产的必备条件。

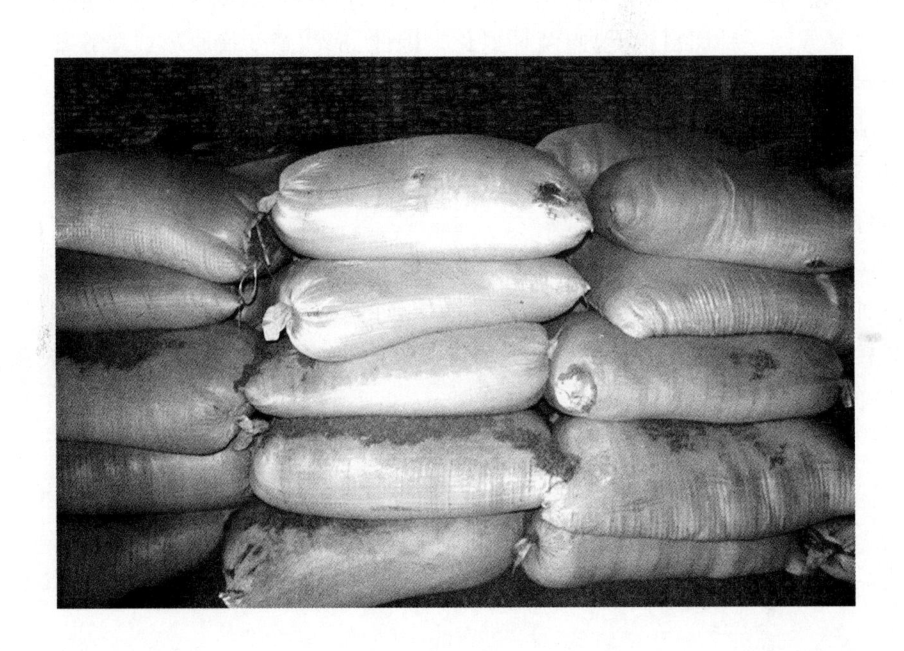

（一）栽培原料的选择

1. 段木栽培原料的选择　耳树的选择很重要，适宜用于段木栽培黑木耳的树种很多，除松、柏、杉、樟之外大多数树种都可用来生产黑木耳。栽培黑木耳的种类虽多，但不同的树种产量高低、质量优劣差异较大，应选用树皮厚度适中，不易剥落，边材和黑木耳亲和力强的树种。最适宜黑木耳生产的树种有壳斗科的麻栎、枹栎等，杨柳科的山杨、垂柳，榆科的春榆，豆科的洋槐等。目前常用的有栓皮栎（粗皮麻栎）、麻栎、槲树、桑、槐、榆、柳、枫香、朴树等。某些重要经济林木如油桐、漆树等被淘汰后也可利用。城市及郊区还可以就地取材，利用果树及行道树如梨树、桃树、苹果树、柚树、悬铃木、枫杨等整修下来的枝干栽培黑木耳。山区生产者使用种段木香菇余下的细树梢、粗树枝来栽培黑木耳，充分利用资源，且细树枝缩短了生产周期，效益也很好。

一般选择5～15年树龄、树干直径为5～15厘米的林木。砍伐宜在深秋至翌年新叶发芽之前进行。树木砍伐后要进行整枝，将枝丫剔除。河南省的气候冬季寒冷，砍树后应立即进行整枝，整枝时用锋利的刀斧，自下而上顺着枝丫延伸的方向齐树干削平，但不能伤及树皮。

2. 代料栽培原料的选择　可用于栽培黑木耳的原料较多，木屑、棉子壳、玉米芯、棉花秆、稻草、豆秸等，不同原料的内在营养成分和理化性质不一样，有些原料需要进行科学的调配，才能满足黑木耳菌丝和子实体的正常生长。

例如1992年春天，朋友制的菌种没有卖完，丢弃了可惜。我看3月的天气还挺冷，有些树芽才刚刚萌动，想着没事，就找了几个人，突击砍了一些树，简单晾晒后，抓紧时间把菌种点种完毕。耳木发菌挺好，当年还出了一些木耳。我暗自庆幸，自己成功地投机了一把。到第二年夏天，雨水一多，大量出耳。这一茬过后，可就惨了，陆陆续续一大半的耳木树皮掉了，有的耳木树皮干脆全部脱落。之后掉皮的耳木很少出木耳，仅有少量的耳芽，也长不大。这批耳木损失惨重，与正常耳木相比，减产了一半。所以，砍耳树的季节一定要把握好，不然会吃大亏的。

（二）栽培原料的处理和配制

1. 段木栽培原料的处理　整理好的原木运到栽培场后进行截段，一般段木长1～1.2米（图56），生产上要求同一批段木的长短要均匀一致。段木截好后两端的截面及伤口应及时用新鲜的石灰水涂刷，防止杂菌侵入。段木整好后根据不同树种以及木材直径的大小分开堆放，此期也称为“晒架”，目的是为了加速木材组织的死亡，使段木内的含水量降低到适合黑木耳菌丝生长的标准。

图56　截好的段木

晒架时段木呈“井”字形堆放,堆高1米左右,10天左右翻堆一次,晒架时间20~30天。若砍伐时间较晚,晒架时间可适当缩短,晒架时间过长,段木中含水量过低,会使黑木耳菌丝难以成活。从外表观察,段木两端的颜色由白变黄,敲击时声音变脆,此时即可开始接种。

2. 代料栽培原料的处理和配制　栽培黑木耳选用的原料必须干净、无霉变,玉米芯应粉碎成玉米粒大小的颗粒,木屑应加工成3毫米以下的小块,豆秸和棉花秆等硬质秸秆应粉碎成小颗粒再用。

(1)不同原料的科学配比(配方): 通过多年的实践,我觉得以下5个配方效果较好:

1)配方1　棉子壳78%,麦麸20%,石膏1%,糖1%。

2)配方2　玉米芯78%,麦麸20%,石膏1%,糖1%。

3)配方3　木屑78%,麦麸20%,石膏1%,糖1%。

4)配方4　棉子壳40%,木屑38%,麦麸20%,石膏1%,糖1%。

5)配方5　棉子壳40%,玉米芯25%,豆秸12.5%,麦麸20%,磷酸二氢钾0.2%,过磷酸钙0.3%,石膏1%,糖1%。

(2)不同栽培原料的科学配制　配料时应严格掌握培养料内的含水量,一般适宜的含水量应控制在55%~60%,即混合料与水之比为1:(1.2~1.3)。培养料配制时一定要防止水分过大。

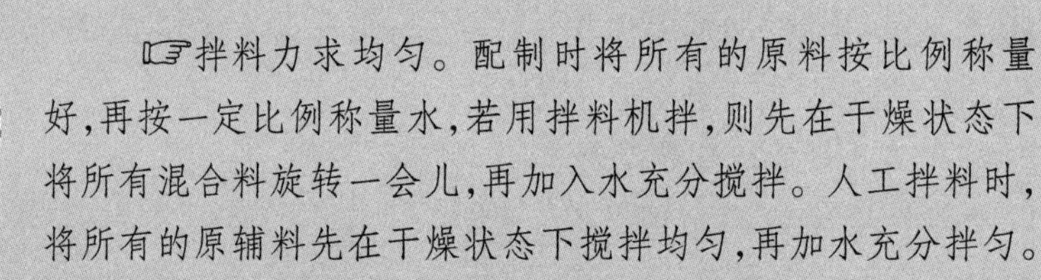

配制原料时应注意以下几点:

☞拌料力求均匀。配制时将所有的原料按比例称量好,再按一定比例称量水,若用拌料机拌,则先在干燥状态下将所有混合料旋转一会儿,再加入水充分搅拌。人工拌料时,将所有的原辅料先在干燥状态下搅拌均匀,再加水充分拌匀。

☞严格控制含水量。培养料含水量过高或过低,黑木耳菌丝都不能正常生长。完全风干后的原料加水比例一般为1:(1.2~1.3),若原料自身含水量偏高,则应降低加水比例。有经验的栽培者也可感官测定含水量是否适宜。原料加水混拌好后稍停一段时间,用手握原料能成团,用力握手指缝中见水而不下滴,松开后稍一抖动原料团又能散开,这时含水量较适宜,否则不是太高就是太低。

☞混合料的酸碱度要适宜。栽培黑木耳原料的酸碱度,混配好后应偏碱一些,因为在灭菌和菌丝发育过程中原料会向偏酸范围发展,若拌料时原料即偏酸则后期酸性更强,对菌丝生长不利,也易导致杂菌发生。配料的pH应在7.5~8。

☞严防污染源混入。选择的原料要干燥、干净、无霉变,拌料时也可加入0.1%的高锰酸钾以防杂菌。

☞原料拌好后尽快装袋灭菌。不宜停放太久,最好不要过夜。

七、黑木耳栽培技术

要想在黑木耳的生产中达到优质、高产、高效的目标，除了需要具备优良的品种、优质的耳木或高产的培养料外，更要抓好制作菌袋、接种、出耳期管理、采收加工等环节。

自然季节栽培黑木耳,无论是段木栽培,还是代料栽培,都要严格按照工序操作,精心管理各个环节,从而达到或超出预期的栽培效果,获得更好的经济效益。

例如灵宝市尹庄镇黑木耳生产者,在一次黑木耳栽培中,由于制袋较晚,菌袋长满之后,见别人都开始划口出耳了,怕春季出耳迟了,天热前难以出够两茬耳,即匆忙跟上其他生产者一起对菌袋进行划口催耳。一周后,只有个别菌袋出现耳芽,其他菌袋划口处有的因培养料失水干燥不能出耳,有的则因水分从划口处渗入菌袋,而导致坏袋。在菌丝体没有完成后熟就急于划口催耳,菌丝体没有积累足够的养分用于出耳,出耳不成功,反而造成损失。黑木耳菌丝满袋后,一定要有 7 ~ 10 天的养菌时间,使菌袋彻底发透,菌丝充分成熟,再进行划口出耳。

(一)黑木耳段木栽培技术

1. 接种

(1)打穴 接种密度的大小和接种量的多少与出耳早晚和产量高低有一定的关系。接种的密度宜大不宜小,行与行之间距离为 5 ~ 7 厘米,不要超过 7 厘米,穴与穴之间距离不超过 10 厘米,接种密度见图 57。每根段木上打穴 60 ~ 70 个,接种穴深 1.5 厘米左右,接种穴深度见图 58,直径 1 ~ 1.5 厘米。目前生产上多采用电钻打眼,打眼后应立即接种,否则易失水,同时也容易被杂菌侵染。

图 57 接种密度

图 58 接种穴深度

(2)接种　接种多采用木屑菌种，在晴天进行，接种环境要求干净、无菌，严格按照操作规程。首先将菌种准备好，用干净的盆或其他干净的容器盛装菌种，将菌种掰成小块，每一穴填入足量的菌种，菌种要突出穴口，接种量宜大，一般每架段木用种量为10～15瓶或8～12袋。

(3)封穴　一般用树皮或木塞作盖封口(图59)，也可用石蜡封口。石蜡封口通常采用优质石蜡、松香、猪油按7∶3∶1的比例混合熔化，接种后用毛刷涂抹接种穴口，涂抹面要大于接种穴。

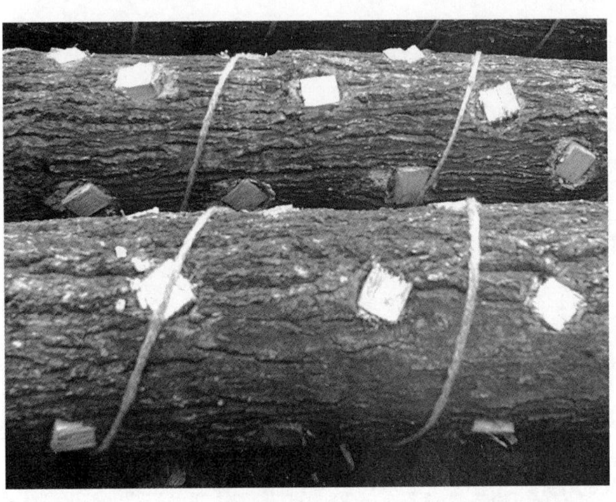

图59　木塞封口

2. 发菌期管理

(1)上堆发菌　上堆实际就是在平坦的场地上用横木或石块垫高20～30厘米，段木呈"井"字形堆放(图60)或"川"字形密集码放(图61)，堆高1米左右，上好堆后用塑料膜覆盖，遇到雨雪天气应在塑料膜上覆盖草帘等防寒物品。

图60　"井"字形码放

图61　"川"字形码放

上堆期主要的管理任务是调控堆内温度，要根据天气的变化控制堆内的温度，一般以20～28℃为宜，气温高时注意揭膜放风，防止温度过高，烧死菌丝。晴天或中午高温时期应将塑料膜全部揭开，以利通风降温，增加新鲜空气，促进菌丝快速生长。上堆期气温在20℃左右时,菌丝长满段木大约需30天,气温低时则时间延长。管理措施是每7～10天翻堆一次,使段木上下位置调换,促使菌丝生长均匀一致。结合翻堆检查菌丝发育情况,若发现死穴要及时补种,检查出有杂菌的要及时妥善处理。

(2)散堆排场　上堆后1个月左右,黑木耳菌丝已在段木中定植生长延伸到木质部并有少量的耳芽产生,这时应及时将耳木散堆排场,让耳木接受阳光和新鲜空气,并从地面吸收一定的潮气,促进黑木耳菌丝进一步生长发育,尽快从营养生长阶段进入生殖生长阶段,促进耳芽尽快形成。散堆排场见图62。

图62　散堆排场

排场的方法是在栽培场地上将段木的一端抬高30厘米左右,另一端着地;或者将两端都抬高20～30厘米,平铺在栽培场地上。此期管理应避免高温,勤翻动耳木,适量喷水,促进耳芽尽快形成。此期大约需要30天,当段木上有80%左右的耳芽产生时,即可起架,进入出耳期管理。

在发菌期内随着菌丝的大量生长,呼吸作用加强,产生的呼吸热急剧增加,这时要做好通风换气,在通风换气的同时要根据段木的干湿程度适量喷水调节,防止段木缺水,但一次喷水量不宜过多,否则,湿度过大会引发杂菌污染。散堆排场时期,以一端着地,另一端抬起,斜靠排放较好。翻动时,要将上下头互相调换,确保耳木两头不会因缺水而干死菌丝。

3. 出耳期管理　段木栽培黑木耳的出耳期时间长，管理相应较为复杂，一般接种后当年春季即可见到少量木耳，秋季就会有大量的收获，出耳盛期多集中在接种后的第二年，到第三年、第四年，产量一般会比较低。因为段木栽培黑木耳用的耳木多数都比较细小，两年以后，耳木会有营养不足的问题。

(1)起架　耳木起架的形式多种多样，一般多采用“人”字形(图63)，具体的方法是将两根长1.5米的木杆顶端交叉固定好，再将一根长横木架在分杈处，横木离地70厘米，将耳木斜放在横木两侧，形成“人”字形架，耳木倾斜45°左右，间隔5～10厘米，一般每架50根耳木。

图63　起架

行家告诫

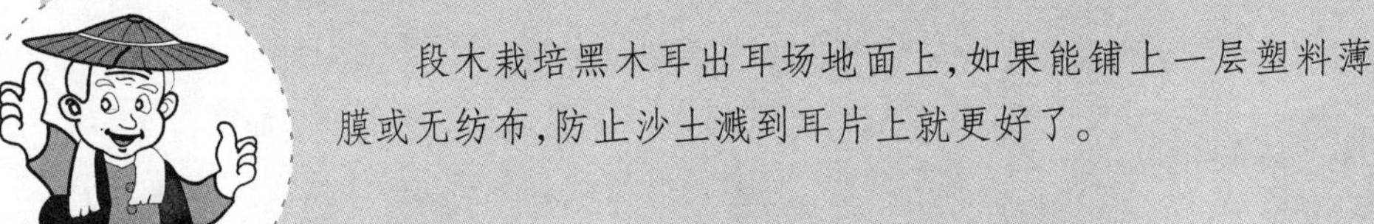

段木栽培黑木耳出耳场地面上，如果能铺上一层塑料薄膜或无纺布，防止沙土溅到耳片上就更好了。

(2)春耳的管理　3～5月期间生长的黑木耳称为春耳。春耳质量比夏耳、秋耳要好得多，其朵形好、耳片厚、颜色黑，是黑木耳的上品，市场上春耳价格和需求量都很高。因此，此期要加强管理，提高春耳的产量。

1)水分　耳木中的含水量和环境的空气湿度，对黑木耳的生长起着决定性的作用。春季气温回升到12℃以上时，即可对耳木进行催耳处理。首先要增加耳木的含水量，其方法是:将段木浸水或加大喷水量,使耳木充分吸水,当段木上有大量的耳芽出现时,再加大空气的相对湿度,使其达到85%左右,见图64。为了防止耳芽干燥失水,可采用喷水的方法,每天喷水1~2次。

图64 水分管理

2)温度 黑木耳适宜的出耳温度在15~28℃,早春气温低,应以保温增温为主,春末要防止高温。

3)光照 黑木耳子实体生长阶段需要一定的光线刺激,一般要求栽培场内“三阴七阳”。在完全露天的场地上黑木耳也能正常生长,但光线强时蒸发快,不易保持水分,影响黑木耳的正常生长,可采用遮阳网或在塑料棚的外面搭上稀草帘或少量的树枝,以防止光线太强。若在“花花荫凉”的树荫下,可直接出耳。总之,要根据具体情况,灵活操作,只要达到所需的光照条件就可以了。

4)空气 在黑木耳的生长过程中要搞好通风和保温,早春以保温为主,减少通风次数,春末夏初则应以通风为主,防止栽培场内空气不新鲜而产生烂耳和杂菌。早春黑木耳生长缓慢、耳片厚、营养物质积累多,质量好,见图65。

图65 春耳

诫告家行

以上四个方面的管理要科学协调，充分利用自然季节，力争早出耳、多出耳，提高春耳的产量和质量。每采收一茬耳后，停水3～5天，让耳木内菌丝恢复生长一段时间，然后再进行出耳管理。

(3)伏耳的管理　6月中旬至8月下旬出的黑木耳称为伏耳。因其是在夏季高温期产生的，生产出的黑木耳的特点是耳片小、薄、品质不佳，见图66。6月中旬以后河南省大部分地区气温升高至25℃以上，尤其是7～8月，最高气温高达35℃以上，已不适宜黑木耳子实体的生长。

图66　伏耳

伏耳期管理的重点是搞好耳场的通风降温，防止耳场高温、高湿。降温的措施是增加耳场遮阴度，可用双层遮阴网或其他加厚遮光的物料。如果栽培场地没有遮阴降温措施，可放弃伏耳，让段木干燥后收集在一起，呈"井"字形摆放，在荫棚下越夏，注意段木越夏期间要防止杂菌产生。

(4)秋耳的管理　9～11月，气温逐渐降低，此期河南省的气候特点是日照时间长，空气湿度大，一方面有利于黑木耳的生长，另一方面空气中杂菌含量高，要注意防止杂菌的侵袭。

当气温回落到28℃以下时，越夏后的耳木即可进入秋耳期的管理，一般9月初即可开始。首先将耳木移开摆放成"人"字形架式（图67），增加喷水次数，使耳木尽快吸水，促使耳芽早形成。耳芽形

图67　排架出耳

成后，每日喷水 2 ~3 次，但要注意高温期中午少喷或不喷，防止中午耳场内高温高湿，避免烂耳或滋生杂菌。采收一茬耳后停水 3 ~5 天，然后再喷水。喷水最好采用喷雾器细喷、勤喷，防止用大水浇灌，有条件的可安装雾化喷灌装置，保证喷水的效果。整个秋耳期可采耳 2 ~3 茬。

(5)越冬期管理　黑木耳段木栽培接种一次可连续出耳 3 ~4 年。但每年的冬季随气温的降低，黑木耳菌丝活力降低，外界气温在 10℃以下，黑木耳菌丝已很难再形成子实体，此期应该进入越冬期管理。一般河南省在 11 月底至翌年的 3 月初，为黑木耳的越冬管理期。

图 68　耳木越冬

越冬期要将耳木收集起来，呈“井”字形摆放，堆高 1 米左右，排放成长方形，用塑料膜覆盖，上面要有遮阴物(图 68)，以免阳光直射伤害菌丝。但若采用塑料大棚、日光温室作为黑木耳栽培的出耳场地，则出耳期会大大延长，冬季也可出耳。

4. 采收、加工与储藏

(1)采收

1)黑木耳成熟的特征　黑木耳的耳片充分展开，边缘开始收缩，颜色由深变浅，腹面产生白色的孢子粉，肉质肥厚，耳根收缩、变细，用手触动可看到耳片颤动，见图 69。只要具备这些特征，就说明黑木耳已经成熟，要及时采收。木耳成熟时，还有一个重要特征就是耳片舒展变软。最好等耳片半干或近干时采收。

图 69　成熟的耳片

2)采收要求　不同季节生长的黑木耳，采收的要求有所不同。采收春耳和秋耳时，要求采大留小，因为这时气温较低，有利于黑木耳正常生长，留下的小木耳等长大后再采收。而采收伏耳时，则要求大小一齐收。

3)采收时间　最好选在雨过天晴的早晨，或者晴天早晨露水未干时。这时耳片潮软，不会因耳片干燥而弄碎。如遇上连绵阴雨也要采收及时，以免耳片生长过度造成烂耳。

这与上面说的"等耳片半干或近干时采收"并不矛盾。耳片半干或近干时采收,容易晾晒。但午后采收,易将耳片弄碎,等早晨耳片潮软时采收,不会弄碎耳片,还容易晾晒。

4)采收方法　采收时,用手抓住整朵子实体,连耳根一起摘下。如采摘不尽,容易发生烂耳根,滋生杂菌。采收时,要注意保护小的耳芽,以利继续生长。每次采收后,需将耳木翻个面,使均匀吸收潮气和阳光,增加出耳面。在翻动耳木的同时,应将耳木倒转,使原来的下段多受阳光,减少腐烂,原来的上段多吸潮气,促使结耳。黑木耳要勤采,预防流耳。

(2)加工　刚采下的新鲜木耳含水量很大,重量为干品的 10 ~ 15 倍,应及时加工。加工前,首先要清除树皮、木屑、草叶等杂物,如有泥沙应放在清水中漂洗干净,再进行干制。

干制的方法主要有两种:一种是晒干法,即在天气晴朗,光照充足时,将鲜耳薄薄地摊放在架离地面的晒席或竹帘上,在烈日下晾晒 1 ~ 2 天即可晒干,见图 70。干制后的黑木耳含水量不能超过 13%,在耳片未干以前,不宜多翻动,以免耳片破碎和卷曲,形成拳耳,影响质量。夏天害虫较多,应将伏耳多晒一段时间,晒干了再翻晒几次,以便杀死躲在耳片里的害虫。另一种方法是烘干法,采用烘房或专用烘干设备加工黑木耳时,要注意操作程序,烘烤时温度由低到高,注意通风排湿,确保烘烤质量。烘干设备见图 71。

图 70　晒干法

图 71　烘干设备

(3)储藏　干制好的黑木耳变得硬脆,容易吸湿回潮,应当妥善储藏,防止变质或被害虫蛀食造成损失。储藏多使用无毒的双层聚乙烯塑料袋包装密封,外加硬质纸箱保护层,存放在干燥、通风、洁净的库房里,见图 72。

在黑木耳仓库内储藏期间,为防止害虫蛀食,可用二硫化碳熏蒸,即把少量二硫化碳装入玻璃瓶内,用松软的棉塞塞住瓶口,把药瓶放在仓库中,使药气缓慢散失,即可熏蒸防虫。

图 72　干品贮藏

(4)包装与运输

1)包装要求　黑木耳用白色棉布袋外套麻袋包装。盛黑木耳的包装袋,必须编织紧密、坚固、洁净、干燥,无破洞、无异味、无毒性。凡装过农药、化肥、化学制品和其他有害物质的包装袋,不能用于包装黑木耳。包装袋上应缝上布条标签,内放标签,表明品名、重量、产地、封装检验人员姓名或代号,并印有防潮标记。

2)运输　黑木耳在运输过程中,要注意防暴晒,防潮湿,防雨淋。用敞篷车船运载黑木耳时,要加盖防雨布。严禁与有毒物品混装,严禁用含残毒、有污染的运输工具运载黑木耳。

(二)黑木耳代料栽培

代料栽培黑木耳的基本生产工艺程序为:栽培原料加工→生产设施建造→菌种准备→原料配制→装袋灭菌→接入菌种→培育菌丝→出耳场地建造→出耳期管理→采收加工。食用菌代料栽培的生产程序基本上都是一样的,只不过在生产程序中各个环节的要求有差别。

1. 栽培菌袋的制作

(1)塑料袋的选择　在塑料袋选择上,我认为是根据灭菌方式来选择。采用高压灭菌的,一定要选择聚丙烯塑料袋(图 73);采用常压灭菌则既可以选择聚丙烯塑料袋,也可以选择聚乙烯塑料袋,但常压灭菌大多采用聚乙烯塑料袋(图 74)。塑料袋的规格则根据生

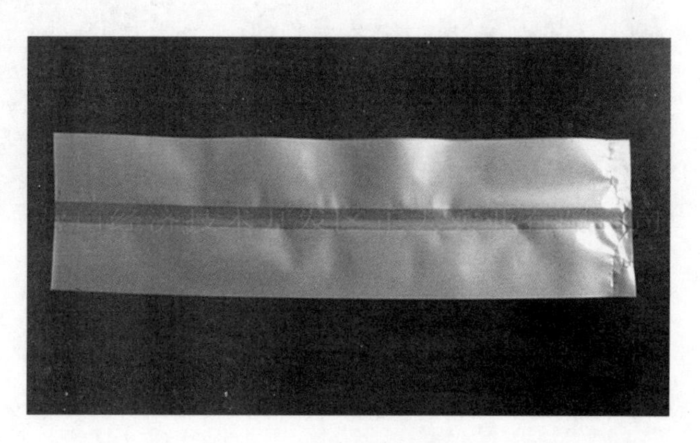

图 73　聚丙烯塑料袋

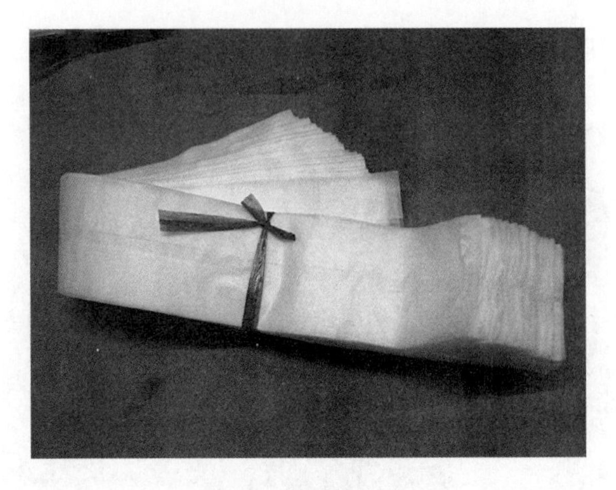

图 74　聚乙烯塑料袋

产者的栽培习惯而决定，常采用的规格有 15 厘米 ×35 厘米，17 厘米 ×35 厘米，20 厘米 ×40 厘米，厚度为 0.04 ~0.05 厘米。

（2）菌袋制作适宜时期　在生产实践中，我认为代料栽培黑木耳最适宜的出耳季节是春季的 4 ~6 月，因为此期气温缓慢升高，黑木耳生长较慢，成功率高，黑木耳质量好，不易受杂菌侵染。河南省大部分地区较适宜的菌袋制作期为 1 ~3 月。若想在秋季出耳，则宜在 9 月制作菌袋。

（3）装袋　装袋时可用装袋机（图 75），也可人工装袋（图 76），袋内的原料要松紧适中。太紧影响菌丝生长，太松菌袋内的原料不易成形，适宜的松紧度应是用手指轻按不留指窝，手握有弹性。装好袋的两端都扎成活结，以利于接种时操作。

另外在装袋和菌袋搬运过程中要注意不要扎破或碰破塑料袋，发现塑料袋破损要及时采取补救措施。选择 40 厘米长的塑料袋时，为了使菌丝快速满袋，应再套一个外袋，以便在袋壁打孔接种。

图 75　装袋机装袋

图 76　手工装袋

（4）灭菌　装好原料的塑料袋最好马上进行灭菌，装锅灭菌一般不宜过夜。灭菌分为常压和高压两种形式。

高压灭菌特点是：温度高、时间短、效果好。一般灭菌时要求达到所需压力后维持

150分左右，若塑料袋规格大则灭菌时间相应延长。高压灭菌过程中要注意一定要将高压蒸汽灭菌锅内冷空气排尽，避免因锅体内冷空气放不完而影响灭菌效果。高压灭菌锅内的床架结构见图77。

图77　高压灭菌锅内的床架

常压灭菌在生产中采用的形式多种多样，一般应用较多的有简易常压灭菌灶（图78）、常压灭菌灶（图79）和专用蒸汽发生炉（图80）等形式。

图78　简易常压灭菌灶

图79　常压灭菌灶

图80　专用蒸汽发生炉

(5)接种　接种是代料栽培黑木耳非常关键的技术环节,接种质量的好坏将直接影响菌袋的成功率。接种方式有接种箱接种、接种室接种和简易接种室接种等。

1)接种箱接种　采用接种箱接种时,先将冷却好的菌袋放入接种箱(图81),再将所用菌种、接种工具、用具、消毒物品一同放进箱内,用气雾消毒剂熏蒸30分后开始接种。气雾消毒剂用量为1米^{3}空间5克,用火柴引燃,利用药品产生的烟雾杀死箱内杂菌。

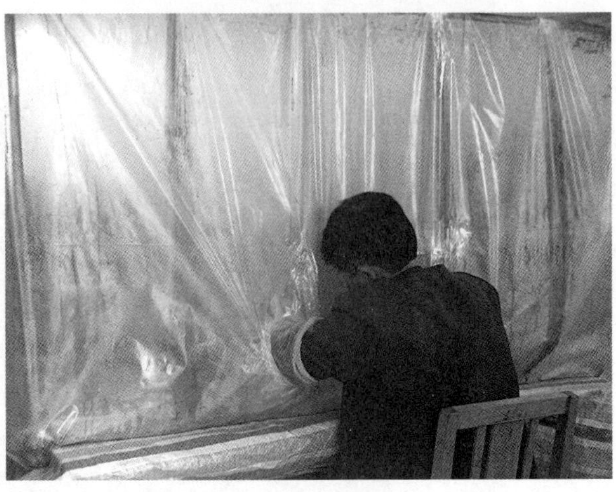
图81　接种箱接种

2)接种室接种　接种室内接种的消毒方法与接种箱相同,但室内接种时要将门窗封闭严密,接种时2~3人合作,接种操作时每隔30分用消毒大王或金星消毒液在操作区上方喷雾一次。接种过程要求操作快速、准确,确保接种质量。袋栽黑木耳多采用两端接种方式,接种时在室内解开袋口,将菌种放入料表面,最好能将料表面覆盖,然后迅速将袋口扎好。采用40厘米长的塑料袋,可在两侧各打2个孔进行接种。接种室见图82。

图82　接种室

(6)发菌期管理　接好菌种的菌袋要尽快移入培养室进行培菌期管理。培养室要求干净、干燥、黑暗、保温性能好,能够通风,移入菌袋前培养室要先打扫干净,并用硫黄熏蒸消毒一次,有条件时,室内可做些培养架,以增加房间的利用率,见图83。没有培养架时可采用顺码式或“井”字形堆码,堆高8~10层,见图84,菌袋不要直接放在地面上,地面应铺一层保暖物。每隔4~5排之间留50厘米左右宽的走道,以便于检查菌袋发育情况。

接种后1~7天,培养室温度要求达到26℃左右,以促进菌种早萌发、早定植、早吃料,

图 83　层架式培养菌袋

图 84　堆码式培养菌袋

若气温低于 18℃，则菌丝萌发慢，影响菌丝正常生长。7～15 天后菌丝开始向培养料中延伸，当菌丝吃料超过 3 厘米时，可将菌袋两端扎口的细绳放松一些，以增加通气量，促进菌丝快速生长，培养室温度应控制在 18～28℃，菌丝经过 40～50 天即可发满菌袋。

发菌期的管理应做到以下几点：

☞接种后前期要使室温达到 26℃左右，加温时不能用明火，要将煤烟排出室外，防止菌丝发生煤气中毒。

☞接种后 10～15 天检查菌袋一次，发现杂菌及时处理，防止杂菌进一步扩散蔓延。

☞培养室定期消毒，并注意通风换气。

2. 出耳管理

（1）出耳前的准备工作　黑木耳出耳场地内的设施有喷水用的胶管，有条件的可增设雾化喷灌装置，以保持出耳场地内空气湿度的稳定性，出耳场内的增湿设施必须具备，并且要方便实用，因为每天都要使用。若采用吊袋栽培，应有吊挂黑木耳菌袋的铁丝或竹竿。

图 85　菌丝刚长满袋

黑木耳菌丝满袋 7～10 天后即可开始进入出耳期管理。这时要注意，从外观上看菌丝刚满袋（见图 85），但料内菌丝并没有完全发透，需停 7～10 天菌丝才能完全发透。菌丝满袋后要在培养室内增加光线刺激，加强通风，以促进黑木耳菌丝从营养生长向生殖生长转化。这里的关键在于菌丝满袋后，要有 7～10 天的养菌时间，使菌袋彻底发透，菌丝充分成熟。否则，会影响黑木耳的产量和品质。

（2）吊袋出耳模式的管理方法

1）吊袋划口　将长满菌丝的菌袋两两系在一起，或者多个菌袋成串系在一起，菌袋的数量应根据出耳场内设施的高度和承重量决定，系好的菌袋吊挂于出耳场地（图 86），先用 0.1% 的高锰酸钾溶液浸泡一下，再用锋利的小刀或刀片在菌袋四周划口，划口的形状有长方形、“十”字形、“X”字形、“V”字形等几种形式，以“V”字形口（图 87）为最好。每袋划口的多少应根据选用塑料袋规格的大小决定，一般 15 厘米 ×35 厘米规格的菌袋四周划口 8 个，其他大规格的菌袋相应增加划口数量。

图 86　吊袋出耳

图 87　菌袋“V”形划口

2）出耳期管理　菌袋划口后，增加耳场内空气的相对湿度，以 85% 以上为宜，增加通风，耳场内气温要达到 15℃以上，经过 7～10 天即可见到划口处形成黑木耳的耳基。黑木耳子实体不同的生长发育阶段管理技术有所差异。具体管理如下：

耳基形成期　菌袋划口至耳基形成的一段时间（划口后 7～10 天），此期以保温、保湿为主，通风量不宜太大，喷水最好用喷雾器喷成雾状水，保持耳场空气相对湿度达到 90% 左右，适当增加光照，但光线不宜太强。耳基形成形态见图 88。

幼耳期　从粒状的原基到黑木耳的耳片开始形成的一段时间，需 3 ~ 8 天，此期仍以保湿为主，每天喷水 1 ~ 2 次。耳片分化形态见图 89。

图 88　耳基形成

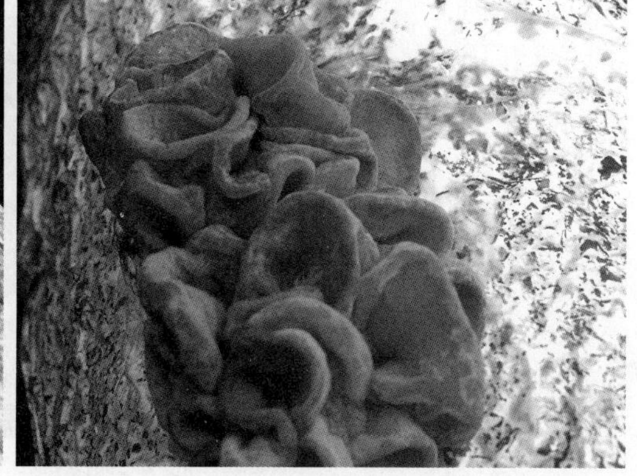

图 89　耳片分化

生长期　黑木耳的耳片形成到成熟前的一段时间，需 5 ~ 8 天，此期黑木耳生长旺盛，对水分、氧气的需求增加，此期喷水量应增大，每天喷水 2 ~ 3 次，保持空气相对湿度达到 85% ~ 95%，但不宜超过 95%，阴雨天少喷或不喷，同时加强通风。耳片生长形态见图 90。

成熟期　随着黑木耳耳片的不断生长，黑木耳逐渐发育成熟，当黑木耳的耳片充分展开，在腹面上能见到白色绒毛时，见图 91，表明黑木耳已进入成熟期，要及时采收。采收前要停水 1 天，使耳根收缩，耳片收边后采收。采收后停水 2 ~ 3 天，使菌丝恢复后再进行第二茬黑木耳的管理。一般可出耳 3 ~ 4 茬。

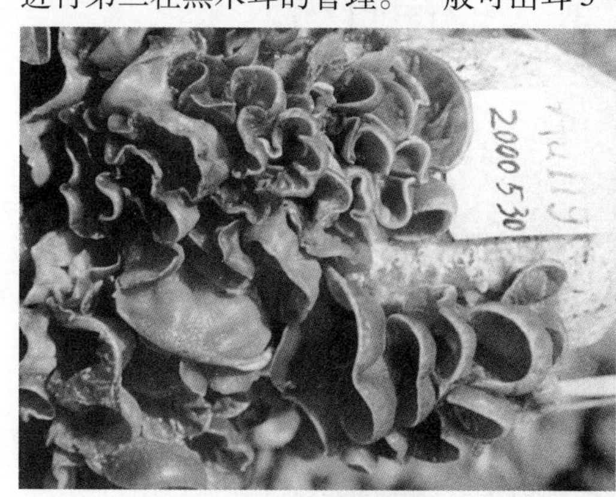

图 90　耳片长大

图 91　耳片成熟

（3）地栽出耳模式的管理方法　此项技术所需设施简单，造价低，但占地面积大，适合林下、低海拔地区和高温季节。

1）耳场处理　畦床做成宽 1 ~ 1.1 米，深 25 厘米，长度适当，畦床之间留 50 ~ 60 厘米。做好耳床后，浇重水一次，使床面吃足吃透水分，结合浇水在水口用输液管滴施 40% 辛硫磷以防治地下害虫，待床面上能下去人时，用 500 倍甲基硫菌灵液喷洒床面消毒，然后立即摆袋。这一操作的目的一是为黑木耳创造一个湿润的环境；二是预防病虫害的发生。

图92　划口摆袋

2）划口摆袋　划口以“V”形口最佳，“V”形口的角度为45°，角的斜长为1.5～2厘米，划口深度为0.5～0.8厘米，每袋划12～16个口，划口呈“品”字形排列，见图92。这样可以缩小划口，增加耳片数量。划口后立即摆袋，袋要立在床面，袋与袋间隔10厘米，并排成“品”字形，然后盖上草帘。

最好在畦床面上铺一层地膜，见图93，地膜不要铺得太实，以免阻隔湿气，这样可以防止洒水时泥沙溅到黑木耳上。有条件的还可在畦床面上铺一层砖来代替地膜，砖之间要有空隙。

图93　地面覆膜

3）适温催耳　温度高时，注意降温，温度低时，注意保暖。畦内温度保持在18～26℃，相对湿度85%～95%，经过5～7天，即可长出耳芽。当耳芽形成封住划口处，见图94，该阶段的管理重点是调节好温度、湿度和通风。如果床内湿度小，可往帘子上轻喷雾状水或将草帘用清水浸一下，沥干水滴再盖上。不允许有水滴滴到划口处，夜间掀帘通风，阴雨天要盖塑料膜防雨。散射光能诱导耳基形成，增加木耳的干重和加深颜色。一般在早晚撤掉帘子增加光线，但不要强光直射床面，以免损伤菌丝和降低培养料湿度。耳基形成至杏核大圆球,见图95,逐渐伸长,长出小耳片,见图96,这个伸展时期即为分化期。

图94　耳芽形成

图95　耳基形成

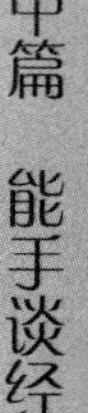

黑木耳生长期要求新鲜的外界空气,潮湿的地面环境,冷热的温差,干干湿湿的管理方法。此阶段以15~25℃为宜,畦床内温度不能超过32℃,畦床湿度保持在90%~95%,该阶段的重点是保湿,加强通风。

4)干湿交替　当耳片没有达到1厘米以上时,禁止向耳袋上直接喷水,应向草帘喷雾状水保持湿度,耳片超过1厘米以上时,耳口边缘已伸出多个耳片,应加大喷水量,用喷壶、微喷等从上到下浇,不要用水龙头横浇,尽量喷雾状水(图97)。这时如遇雨天,可以撤掉帘子,任其浇淋。一般7~10天,耳片即可生长成熟。在子实体生长时期,当耳片长至四五成时,停止喷水3天左右,让耳片干燥,菌丝恢复生长,然后再喷水增湿,这样干干湿湿,干湿交替,有利于木耳质量提高。此阶段严忌一直不干不湿,易引起耳片发红烂耳。每天早晨和傍晚打开草帘,多见弱光,可促进耳片肥厚、黑亮,提高商品的价值。

图96　长出小耳片

图97　喷雾状水

在管理中要防止极端化，一是湿时湿度超过95%，干时耳片干透；二是长时间强光照射，这样严重影响木耳产量和品质。

3. 采收与加工

(1)采收　代料栽培黑木耳，菌袋划口到形成耳基大约需7天，在适宜条件下发育至成熟需7～15天，当黑木耳耳片的腹面出现白色细绒毛状物时，表明黑木耳已经成熟（图98），此时要及时采耳。

图98　耳片成熟

采收前最好停水1～2天，加强通风，使耳片稍干，一般应选择晴天的上午采收。采摘时用手捏着耳根稍加摇动，即可将耳片采下。采耳时要将耳基采尽，不能留下耳基残茬，防止耳基溃烂后产生杂菌。

（2）加工、储藏、包装与运输　参照本节黑木耳段木栽培相关技术。

八、黑木耳生产中常见的问题和处理方法

针对黑木耳生产中经常出现的病害、虫害、杂菌以及生理性异常等问题，从症状、发生原因、防治方法三个方面进行详细的讲述。

随着我们这里黑木耳种植时间的延长和规模的扩大，以前没出现过的问题相继发生，加上部分生产者管理粗放，不注意环境卫生，染菌的料袋和废弃物到处乱扔，致使环境恶化，造成黑木耳病虫害频发。因此，在黑木耳生产过程中，能否做到勤于观察、精心管理，对其出现的异常现象能否准确识别，并能及时采取相应的控制措施就显得至关重要了。

例如1997年5月，陕县大营一李姓老板的黑木耳栽培场内出现几袋特殊的菌袋，袋口长出了橘红色鲜艳的菌块。大家也没有在意，就拆包回收废料，重新使用。结果，到了7月，栽培场的料堆上到处都是一团一团的链孢霉。经技术人员指导，要求工人迅速清除杂菌，连续一周使用石灰粉、多菌灵、金星消毒液，对场地内外环境进行彻底地消毒，才得以控制了秋季链孢霉的传播泛滥。

（一）黑木耳段木生产中常见问题和处理方法

1. 生理性病害　生理性病害又称非侵染性病害，主要是指在栽培过程中，由于其自身的生理缺陷或遗传性疾病，抑或是由于生长环境中不适宜的生理、化学等因素直接或间接引起的黑木耳菌丝体或子实体正常代谢机能受到不同程度的干扰和抑制，失去生存保障，同时在生理上、组织上、形态上产生出特有的反常症状。此种病害没有病原物，是由于自身生理功能紊乱引起的，子实体个体间不能互相传染，所以称生理性病害。它具有发生普遍和危害严重的特征。黑木耳从营养生长到生殖生长历时几个月，甚至几年（段木栽培），在漫长的生长发育过程中，无论哪个环节稍不留心，就可能出现不适宜的环境条件，就会引发生理性病害。这些病害虽然个体间不会传播，但在同一环境条件下，发病率很高，甚至全军覆没，危害非常严重。生理性病害是由于环境因素引起的病害，如果在栽培过程中，对每个环节都认真细致管理，就能有效地预防这类病害的发生，比防治侵染性病害要容易得多，而且还会收到事半功倍的效果。

（1）常见问题

1）耳木曝皮严重引发大量减产

原因：耳木采伐时间太晚，树液开始流动，皮层和木质部结合不紧密；夏季中午高温喷水，树皮热胀冷缩程度太大；耳木偏干一次性喷水过猛。

2）出耳晚且不整齐，产量低

原因：耳木过干或过湿，点种后孔穴内菌丝成活率不高，发菌慢，菌丝生活力不强；耳木粗细不一，点种密度不科学，导致各耳木间发菌成熟度不一致；在发菌→排场→出耳整个管理过程中翻木不及时，使得耳木间或整个耳木干湿、光照不匀，导致出耳不整齐。

3）耳木没后劲，春耳多，秋耳少

原因：同一年内，耳木在春季时营养充足，产耳多，耳茬间隔短，同时菌丝活力旺盛，病虫害少。但随着耳木反复产出，养分逐渐减少，菌丝在短期内很难恢复原状，故需留更长的养菌时间。所以，秋季耳潮间隔要比春季长。若在管理过程中一味喷水催耳，不重视养菌，不但不能按期出耳，还可能影响菌丝的进一步恢复生长，导致减产。

4）流耳现象严重

原因：老耳场接种穴虫害严重；耳片过成熟；耳场通风透气性差，高温高湿引发流耳；夏季中午阳光暴晒时喷水；采"伏耳"时没有大小一起采收。

（2）处理方法

1）耳木要适时砍伐　一般选择"二九"（指冬至日后10～18日）至"四九"（指冬至日后28～36日）之间砍伐耳木。

2）耳木的干燥程度适宜　最易掌握的方法是称重法，选几根有代表性的耳木称重，打上标记，若5千克的耳木，以干燥至3.5～4千克时接种为宜。为了缩短耳木的干燥时间，部分生产者常采用先打孔，"井"字形堆码干燥，再点种的方法，发菌效果也不错。

3）接种要规范　根据黑木耳菌丝生长对气温的要求，当自然温度稳定在5℃以上时即可进行接种。接种密度一般掌握在株距8～10厘米，行距5～7厘米，穴的直径1.2厘米，穴深打入木质部1.5～2厘米，"品"字形排列。此外，如树径较粗，或生于阴坡山上及高海拔地方的质地较硬的树木，穴距要加密，反之要稀疏。

4）发菌管理　为了使菌丝生长均匀，发菌期间每隔7～10天要翻一次堆，使耳木上下、内外对调。第一次翻堆因耳木含水量较高，一般不必浇水，第二次酌情浇少量水。以后翻堆都要浇水，且每根耳木都应均匀浇湿。若遇小雨还可打开覆盖物让其淋雨，更有利于菌丝的生长。发菌期间应注意温、湿、气的调节工作以满足菌丝生长条件，提高菌丝成活率。上堆发菌20～30天，应抽样检查菌丝成活率。方法是用小刀挑开接种盖，如果接种孔里菌种表面生有白色菌膜，而且长入周围木质上，白色菌丝已定植，表明发菌正常。否则就应补种。

5）排场后的水分调控　菌丝在耳木中迅速蔓延，这时需要的湿度比定植时期大，加上气温升高，水分蒸发快，需要进行喷水。开始2～3天喷一次水，以后根据天气情况逐渐增加次数和每次喷水量。排场期间需要翻耳木，即每隔7～10天把原来枕在木杆上的一头与放在地面一头对换；把贴地的一面与朝天的一面对翻，使耳木接触阳光和吸收水分。

6）起架管理　黑木耳菌丝在耳木中定植并达到良好的成熟度，待耳木上种植孔产生的耳芽长至五分硬币大小时便应起架。起架后，子实体进入迅速生长和成熟阶段，水分管理最为重要，耳场空气相对湿度要求在85%～95%。喷水的时间、次数和水量应根据气候条件灵活掌握。晴天多喷，阴天少喷，雨天不喷；细小的耳木多喷，粗大的耳木少喷；树皮光滑的多喷，树皮粗糙的少喷；向阳干燥的多喷，阴暗潮湿的少喷。喷水时间以早晚为好，每天喷1～2次。中午高温时不宜喷水。每次采耳之后，应停止喷水3～5天，降低耳木含水量，增加通气性，使菌丝复壮，积累营养。然后再喷水，促使发出下一茬耳芽。同时把耳木上下、里外翻动，使均匀接受水分、阳光。

2.侵染性病害　黑木耳在整个栽培过程中，以及采收、加工和贮藏的各个环节，由于遭受某种生物的侵染，致使正常新陈代谢受到干扰和抑制，在生理上、组织上、形态上发生了一系列不正常的变化，生长发育受到不良影响，从而降低黑木耳的产量和品质，这种病害就叫作侵染性病害。侵染性病害都是由其他有害的微生物作为病原寄生于黑木耳上造成的，这些有害的微生物主要有真菌、细菌和病毒，在防治上要根据不同的病原对症采取措施。

（1）绿霉菌　段木接种孔周围及子实体受绿霉菌感染后，初期在段木或子实体上长白色纤细的菌丝，几天之后，便可形成分生孢子，一旦分生孢子大量形成或成熟后，菌落变为绿色，粉状。

（2）环纹炭团菌及麻炭团菌　这两种杂菌是危害段木黑木耳的主要杂菌，多出现在耳木表皮的纵沟内，形似绿豆或黄豆大小的黑色颗粒，严重时黑色颗粒连成片。这两种菌繁殖力强，被感染后的段木，形成层变为灰黑色，形成“铁芯”，吸收不进水分。

（3）韧革菌　该杂菌子实体的基部着生在耳木上，表面黑色，形似干了的黑木耳，贴着耳木的一面呈灰红色。菌盖覆瓦状、条裂状，裂片席卷状且互相愈合，白色，干时带黄色，表面光滑，子实层向外。韧革菌的种类较多，有扁韧革菌、细绒韧革菌、血韧革菌、烟色韧革菌等。

（4）牛皮箍　此菌有白牛皮箍、黑牛皮箍两种，子实体紧贴在耳木上，边缘不翘起，形似贴膏药。严重时贴满耳木，引起木质部腐朽。

（5）朱红栓菌　又名红孔菌，子实体基部狭小无柄，菌盖半圆形，橙色或红色。此菌侧生在耳木上，引起木材粉状腐朽。菌丝初为白色，不久即变为红色，分泌黑褐色色素，多发生在干燥的环境里。

（6）绒毛栓菌　菌盖无柄，半圆形至扇形，呈覆瓦状，软木栓质，近白色至淡黄色，有细绒毛和不明显环带，严重时子实体布满整个耳木表面。

（7）裂褶菌　裂褶菌的菌丝生长快，菌丝灰白，后期在温度、湿度等条件适应时形成子实体。裂褶菌的菌盖1～3厘米，无柄，扇形或圆形，表面密生粗毛，白色或灰褐色。菌褶白色到灰色，每片菌褶边缘纵裂为两半，近革质。

针对以上几种杂菌，在整个生产过程中应坚持“预防为主、综合防治”的方针。

在生产过程中要搞好栽培场地的环境卫生，接种前将场地清理干净并撒石灰粉消毒。选用生产性能好的优质菌种，接种时要严格按操作规程，防止接种感染。菌丝生长期科学调控温度、湿度、光照、通风，创造适宜的环境条件，促进黑木耳菌丝生长，发现有杂菌感染的耳木，及时用刀、斧将杂菌削掉，然后在伤口处涂上生石灰粉。感染杂菌严重的耳木应剔除烧掉，防止进一步扩散。

3. 害虫　段木生产黑木耳过程中的主要害虫有伪步行虫、食丝谷蛾、蓟马、蛞蝓和螨虫等。

（1）伪步行虫

1）形态特征与危害特点　体黑色，有光泽，体长约 1 厘米，椭圆形。成虫啮食耳片外层，幼虫危害耳片耳根，或钻入接种穴内啮食耳芽，被害的耳根不再结耳。入库的干耳回潮后，仍可受到危害。

2）防治方法　清除栽培场所的枯枝落叶，并用 25% 菊乐合酯 2 000 倍液喷洒，可杀灭潜伏的害虫。虫害大量发生时，先摘除耳片，再用 500 ~ 800 倍的 2.5% 功夫乳油或 30% 抗虫清乳油喷洒防除。在芒种和处暑期间，每次采收之后，都可用上述药物喷洒 1 次。

（2）食丝谷蛾

1）形态特征与危害特点　又叫蛀枝虫，属鳞翅目，谷蛾科，危害耳木。幼虫由接种穴、翘皮处或树皮缝隙蛀入耳木，取食其内的菌种木屑、长有菌丝的形成层和木质部，影响菌丝的生长，抑制子实体形成。幼虫体长 18 ~ 23 毫米，宽 1.8 ~ 2 毫米，初孵化时为乳白色，老熟幼虫为青黄色至淡绿色，头棕黑色。成虫体长 5 ~ 7 毫米，翅展 14 ~ 20 毫米。

2）防治方法　①清除耳场内的废耳木及其他废弃物，消灭越冬幼虫，减少虫源。②根据食丝谷蛾的习性，进行人工捕杀。③发生严重时，用 2.5% 溴氰菊酯 1 000 ~ 2 000 倍液或 20% 速灭杀丁 1 000 ~ 2 000 倍液喷洒。

（3）蓟马

1）形态特征与危害特点　成虫黑色，体小，细长而略扁，复眼突出，翅膜质，狭长形。若虫红色，很像成虫，共分 4 龄，3 龄前现翅芽，俗称小红虫，钻出耳片后能弹跳；4 龄后进入蛹期。从若虫开始危害木耳，侵入耳片后吮吸汁液，使耳片萎缩，严重时造成流耳。

2）防治方法　场地使用前，提前用 80% 敌敌畏 1 000 倍液或 40% 敌敌畏 500 倍液喷洒杀灭。出耳期间，可喷 5% 锐劲特悬浮剂 1 000 倍液熏蒸和触杀，2 ~ 3 天 1 次，共 3 次。

（4）蛞蝓

1）形态特征与危害特点　蛞蝓又叫蜒蚰、鼻涕虫、软蛭。常见的有野蛞蝓以及双线嗜黏液蛞蝓、黄蛞蝓。属于软体动物门、腹足纲、柄眼目、蛞蝓科。野蛞蝓体柔软、无外壳，黄白色或褐色，有少数不明显的暗带或斑点。触角两对，暗黑色。外套膜为体长的 1/3，边缘卷起，内有一退化贝壳（即盾板）。体长 2.5 厘米，伸展时长达 3 ~ 4 厘米，宽 0.4 ~ 0.5 厘米。双线嗜黏液蛞蝓形似野蛞蝓，全身灰白或淡黄褐色，背部中央及两侧各有一条黑色斑点组成的纵带，尾部有一脊状突起。体展长 3.5 ~ 3.7 厘米，宽 0.6 ~ 0.7 厘米。黄蛞蝓体型较大，深橙色或黄褐色，有零星的浅黄色斑点。体背 1/3 处有一椭圆形外套膜，前半部游离，收缩时可覆盖头部。体展可达长 12 厘米，宽 1.2 厘米。体表湿润有黏液，爬行后留下一道黏液，干后呈白色，多在夜间和潮湿的地方活动，畏光怕热，主要取食耳片。

2）防治方法　傍晚用 5% 盐水或碱水滴杀，也可以人工捕杀。严重时，可在米糠内加入 2% 砷酸钙或砷酸铝，混合制成毒饵毒杀。

（5）螨虫

1）形态特征与危害特点　螨类俗称菌虱，属节肢动物门、蛛形纲、蜱螨目。螨类由颚体和躯体两部分组成，没有触角、复眼，也没有翅，幼螨期有3对足，若螨期、成螨期四对足。常见危害黑木耳的螨虫，有粉螨和蒲螨两种。蒲螨体积很小，肉眼不易看到，多集中成团，呈咖啡色。粉螨体积较大，白色发亮，不成团、数量多，呈粉状。通过培养料、菌种和蝇类带入培养室，其繁殖速度很快。螨虫侵入菌种或菌丝体后，菌丝变得稀疏或退化；子实体上发生螨虫后，受害子实体生长缓慢或停止生长、萎缩。螨虫还会传播其他病菌。

2）防治方法　①以防为主：保持栽培场、菌种场及周围环境的卫生；对场地要严格消毒。②诱杀：把肉骨头烤香后，置于耳场各处，待害螨聚集骨头上时，将其投入开水中烫死，骨头捞起后，可反复使用。③在芒种和处暑期间，每次采收之后，都可用敌敌畏1 000～1 500倍液喷杀1次。

（二）黑木耳代料生产中常见问题和处理方法

1. 生理性病害

（1）菌种（块）不萌发

1）病状　接种后，菌种块久久不能萌发。

2）发生原因　①使用菌种不当。由于菌种在保藏期间日久老化、失水干瘪、冷凝水浸渍或是冷藏后没经活化培养，使其生命力低下，接种后菌种块不能适应新的环境而死亡。②接种块干死。在接种过程中，种块与培养料接触不紧密，菌种块滑落，在干燥的环境条件下干燥而死。③接种块浸水死亡。培养基没有晾干存在水珠，接种块接触水珠浸水窒息死亡，导致菌丝不萌发。

3）防治方法　①精心挑选菌种。接种前，一定要认真挑选菌种，选择菌丝生长健壮，整齐有光泽的优良菌种使用，避免因菌种质量问题而造成不萌发。②严守接种程序。严格按照菌种接种操作程序进行接种，冷藏的菌种一定要在接种前放常温下活化处理1～2天再使用；接种操作要迅速、无菌。③接种块与培养料要紧密接触。接种后，要用工具在种块上轻轻按一下，使种块与培养料紧密接触。④保持培养基（料）表面不要有水珠。母种培养基制作后，晾3～5天，使培养基表面和试管壁上的水珠挥发干燥后，再进行接种。原种、栽培种、栽培菌袋中培养料的水分要适当，灭菌后不要急于出锅，避免过度的冷热刺激，使蒸汽在表面形成水珠，菌袋不要在阳光下照射，否则也会产生水珠。

（2）菌丝不吃料

1）病状　菌种接种后，菌种块也能萌发。但菌丝不吃料或生长缓慢、纤弱、无力，生长势差，菌丝前沿出现较为明显的拮抗线。

2）发生原因　引起黑木耳菌丝体生长迟缓的原因很多，主要有以下几个方面：①培养料不合适。培养料的配方不合理，配制不科学，如碳氮比不合理，pH不适，料内含有松木、杉木等木屑，等等，都能使菌种块不萌发导致“不吃料”。如果培养料过干，菌丝也不能长入培养料内部而造成“不吃料”。②菌种老化。如果接入的菌种在不良环境下长期储藏或培养时间过长，造成菌种衰老，引起生活力降低，也会导致菌丝失去生长能力，引起“不吃料”现象。③害虫危害。如果菌种在养菌过程中出现了螨虫、鼠害等咬噬菌块后,也会致使菌丝消失。④环境因子不适。可能是由于接种后的试管堆放过多或栽培料堆放过密过紧而导致其内温度过高,抑制了菌丝的正常生长。

3)防治方法　①培养基(料)营养搭配得当。培养基的营养成分搭配合理,要选择科学配方,调整培养料 pH,注意料内不能含有松木、杉木等木屑。还要保证培养料的合理含水量。②在二级菌种和三级菌种的制作过程中,所用的菌种必须是活力强的菌种。③精调环境因子。按要求调整培养室湿度、温度、空气、光照等环境因子至适宜黑木耳菌丝体生长的范围;定期检查接种后是否会堆放发热,及时排除隐患。④菌种在养菌过程中要注意做好防治害虫的工作。

(3)菌丝淡化

1)病状　菌袋内菌丝生长稀少,纤弱无力,菌棒软绵无弹性。

2)发生原因　①培养料霉变。灭菌前,培养料已经发生霉变,杂菌释放的抗霉素浓度过高或因杂菌的活动改变培养料的 pH。②培养材料选择不当。如选用未经脱脂处理的针叶树木屑而导致油脂及萜烯类物质浓度过高,抑制黑木耳菌丝生长。③过量添加某种化学物质,如硫酸镁等。④营养元素缺乏。缺乏某种必需的营养元素,如氮素。

3)防治方法　①科学调制培养料。选用新鲜优质、无霉变的培养料,采用合理的培养料配方,不随意添加化学物质。②严格灭菌。拌好料后,及时装袋,并严格灭菌,防止酵母菌发酵而改变培养料 pH。

诚告家行

生理性病害是黑木耳自身的不良反应,没有外来物种侵入,只要及时调整各个环境因子就可以了,切忌分不清原因,胡乱用药,不仅起不到应有的效果,还会延误治疗时机,造成污染,产生新的生理性病害。

2. 侵染性病害　在黑木耳代料栽培过程中,危害的杂菌有绿色木霉菌、链孢霉菌、毛霉菌、青霉菌、曲霉菌、根霉菌等。

(1)绿色木霉菌

1)形态特征与危害特点　当黑木耳培养料被绿色木霉感染后,出现的菌落初期为白色,无固定形状,慢慢地由菌落中心向边缘逐渐变成浅绿色,并有粉状物出现。在高温条件下菌落扩展很快,会向深层发展,出现大片绿色霉层。绿色木霉不仅和黑木耳菌丝竞争料中的营养,还会分泌出毒素抑制黑木耳菌丝正常生长,其菌丝还能缠绕切断黑木耳菌丝,给黑木耳菌丝阶段的生长造成极大的危害甚至造成绝收。

2)发生原因　绿色木霉喜高湿高温、酸性环境。夏季高温、多雨、气压低和二氧化碳积累过高的环境中最容易引起绿色木霉的大发生。老耳房、带菌的工具、原材料是主要的初侵染源。发病后产生的分生孢子可以通过气流、用水、昆虫等传播,多次重复再侵染。

3)防治办法　①黑木耳代料栽培室内空气要低温凉爽,保持在20℃左右,空气相对湿度在80%以下,室内空气流通,降低空气中的二氧化碳的浓度。②选用抗性好、生长势旺的新品种,淘汰长势弱的老菌株。③绿色木霉感染初期要及时处理,首先挑出受感染的菌袋,离开培养室进行局部喷洒50%的咪鲜胺锰盐500倍液或多菌灵可湿性粉剂800倍液进行防治,把感病袋和健康袋隔离培养。

(2)链孢霉菌

1)形态特征与危害特点　链孢霉,也称脉孢霉、粗糙脉孢霉、红面包霉,俗称红霉菌。链孢霉广泛分布于自然界的土壤中和禾本科植物上,尤其在玉米芯、棉子壳上极易发生。链孢霉无性阶段初为白色粉粒菌落,后呈粉红色,分生孢子卵形或近球形,成串悬挂在气生菌丝上,呈橘红色。大量分生孢子堆成团时,外观与猴头菌子实体相似。其分生孢子在空气中到处飘浮,主要靠分生孢子传播,是高温季节发生的重要杂菌。7~9月是其盛发期,来势猛,蔓延快,只需要1~3天即可达到生理成熟,其菌落部位及其周边很快会形成再次污染。其危害性主要是抑制菌丝生长造成耳体死亡,危害极大,严重时可以导致整个耳棚内菌袋毁灭性的感染,俗称"食用菌癌症"。该菌一旦发生,菌种、栽培袋将成批报废。

2)发生规律　链孢霉菌的发生和危害有4个明显的特点:①危害的范围广。5~35℃时,在各种培养基质上,它都能够繁殖,特别在富含糖分的培养基质上最易发生。②繁殖快,来势猛。在高温高湿条件下,一昼夜就能够形成黄色或粉红色分生孢子团,突破菌袋或菌袋袋口,分生孢子随风到处传播蔓延。在菌袋链孢霉菌低发生率3%~5%的情况下,如果不抓紧防治,消灭侵染源,几天时间内,菌袋链孢霉菌的发生率就可能迅速发展到20%~30%,甚至更高。③损失严重。凡是链孢霉菌污染的菌袋,病情级别高,多数为整袋污染,造成成批菌袋被淘汰。④防治困难。一经大面积发生,很难控制。链孢霉菌的厚壁孢子能够在培养室、出耳房和出耳场的地面、墙壁、屋顶、土壤及床架上存活多年,很难根治。一个菇场链孢霉菌发生蔓延后,如果不根治,往往会给第二年带来危害。

链孢霉病发生与下列生态条件有关:①温度:链孢霉菌丝在4~44℃均能生长,25~36℃生长最快,4~24℃生长缓慢,4℃以下停止生长。31~40℃条件下,只需8个小时菌丝就能长满整个试管斜面。孢子在15~30℃萌发率最高,低于10℃萌发率低。由于链孢霉在30℃以上生长迅速,而食用菌菌种生产大多数是在6~9月高温季节,因此,它是菌种生产期间最严重的一种病害。②湿度:在食用菌适宜生长的含水量范围内(53%~67%),链孢霉生长迅速,特别是棉塞受潮时,能透过棉塞迅速伸入瓶内,并在棉塞上形成厚厚的粉红色的霉层。含水量在40%以下或80%以上,则生长缓慢。③酸碱度:培养基的pH3~9都能生长,最适为pH5~7.5。④空气:链孢霉属好气性微生物,在氧气充足时,分生孢子形成快,无氧或缺氧时,菌丝不能生长,孢子无法形成。⑤营养:培养料糖分和淀粉过量是链孢霉菌发生和蔓延的重要原因之一。

3)防治方法　①要注意菌龄和接种量,保证菌种具有旺盛生活力。用来生产转接的菌种,一级种保藏期以1个月为佳,二级种和三级种保藏期以20天为最好。菌龄越长，生活力越差，污染的概率也越大。栽培袋接种时，要适当增加接种量。②培养料碳氮比要合理。培养料糖分和淀粉过量是链孢霉菌发生和蔓延的重要原因之一。培养料碳氮比要合理，比如菌丝体培养期间，黑木耳碳氮比为（25～30）∶1。培养料含水量以60%左右为宜，料水之比为1∶1.2左右，水分含量不要过大。③选用优质菌袋用于生产。菌袋厚度要求0.5～0.6毫米，没有微孔。或者采用双袋制作法，接种后，在栽培袋外面再套一个袋，封好口。菌袋质量高，没有微孔，或用双袋制作法是防止链孢霉菌污染的重要环节，这会大大降低栽培袋污染率。④培养料灭菌要彻底。培养料灭菌彻底是消灭链孢霉菌初侵染源的根本措施。熟料栽培的耳种，培养料用常压灭菌时，温度达到100℃保持20小时以上，或更长时间；用高压灭菌时，压力达到0.14兆帕（126℃）保持3小时，通过热力灭菌，确保培养料内不带有链孢霉菌和其他杂菌。⑤加强发菌期的管理。培养室、培养车间和菇房使用前需用消毒剂熏蒸4～8小时，能够达到彻底杀灭链孢霉菌的目的。熏蒸放药位置高度50～80厘米，空气相对湿度要求50%以上，保持黑暗密闭的条件。采取多点熏蒸法，熏蒸布点越多、越均匀，防治效果越好。一般5米^2（或10～15米^3）设置一个熏蒸点。发菌培养期间，培养室（培养车间）和菇房温度不应过高，应控制在20～23℃；空气相对湿度不应过大，应保持在40%～70%；经常通风换气，保持空气流通，黑暗培养。菌丝培养期要经常检查菌袋（或倒袋），最少3次，及时淘汰链孢霉菌和其他杂菌污染的菌袋，把侵染源消灭在点的发展阶段，防止重复侵染。清理出来的污染袋用塑料袋装好，运到别处烧掉。⑥出耳期的管理。在出耳期间，要保持适宜的温度和空气相对湿度，温度不宜过高，空气相对湿度不宜过大，给予散射光和通风换气条件，创造有利于黑木耳子实体生长的条件而不利于竞争性杂菌发生的环境。每次采收后，及时清理耳根和碎耳，清除杂菌污染源，降低污染率，提高食用菌的产量和品质。出耳期结束后，将耳房打扫干净，以备再用。⑦及时处理栽培下脚料。栽培后的下脚料是多种竞争性杂菌的栖息地，是链孢霉菌重要的侵染源，废料不能长期堆积在耳场内，必须及时处理掉。⑧霉病发生后的处理。在培养料中加入25%的多菌灵可湿性粉剂，添加比例为干料重量的0.2%，可抑制培养料中残存的或发菌期侵入的病原分生孢子；菌袋发菌初期受害，应用500倍福尔马林稀释液或用煤柴油滴在未完全形成的病原菌落上；发菌后期受害，可将菌袋埋入30～40厘米透气性差的土中，经10～20天缺氧处理后可有效减轻病害，菌袋仍可出耳。

（3）毛霉菌

1）形态特征与危害特点　毛霉又叫长毛霉。毛霉菌丝体每日可延伸3厘米左右，生产速度明显高于黑木耳菌丝。毛霉在土壤、粪便、禾草及空气等环境中存在。在高温、高湿以及通风不良的条件下生长良好。黑木耳一旦受毛霉感染，在培养基表面形成灰白色菌丝，因菌丝生长速度极快，不几天就占领了黑木耳生长所需要的整个空间，到后期在菌丝表面形成许多圆形黑色小颗粒体。栽培袋被污染后，培养料上长出粗糙、疏松发达的营养菌丝，初期为白色，后变为灰色、棕色或黑色。条件适宜时，不到1周在培养料内外布满了毛霉菌菌丝，使料袋变黑，导致料面不能出耳。

2）发生规律　毛霉在稻草、堆肥以及植物残体上均可生存，孢子成熟后随空气气流飘散传播，培养料、接种室等消毒不彻底或不严格按无菌操作规程接种制种，均有被毛霉污染的可能。基质表面只要湿度合适，孢子就能萌发生长出菌丝，在高温高湿条件下生长快、蔓延迅速。菌种被感染，成品率降低；黑木耳菌袋上发病，产量受到严重影响。毛霉对环境的适应性强，生长迅速，产生的孢子数量多，空气中飘浮着大量毛霉的孢子。在菌种生产或代料栽培过程中，如不注意无菌操作及环境卫生等技术环节，毛霉的孢子靠气流传播，是初侵染的主要途径。已发生的毛霉，新产生的孢子又可以靠气流或水滴等媒介再次传播侵染。毛霉在潮湿条件下生长迅速，如果菌种瓶或菌种袋的棉塞受潮，或接种后培养室的湿度过高，均容易受毛霉侵染。

3）防治方法　①搞好环境卫生，清理并隔离污染物和采耳后的残留物，保持培养室、栽培室及其周围有良好的卫生环境，是防止侵染最有效的措施。②通过降温、通风、防潮防治。③在培养料中加入25%多菌灵可湿性粉剂，添加比例为干料重量的0.1%，抑制毛霉孢子的萌发和菌丝体的生长。

（4）青霉菌

1）形态特征与危害特点　青霉菌是真菌的一种，菌丝为多细胞分枝。无性繁殖时，菌丝发生直立的多细胞分生孢子梗。梗的顶端不膨大，但具有可持续再分的指状分枝，每枝顶端有2～3个瓶状细胞，其上各生一串灰绿色分生孢子。分生孢子脱落后，在适宜的条件下产生新个体。有性生殖极少见。青霉是黑木耳制种和栽培过程中普遍发生的污染性杂菌之一。病害叫青霉病，也叫蓝绿霉病。发生初期，出现白色绒毛状平贴的圆形菌落，随分生孢子大量形成和成熟，变成蓝绿色或淡蓝色粉状菌斑，外围有狭窄或较宽的白色菌丝圈带，黑木耳菌丝生长受阻。菌种生产过程常引起大批菌种受污染而报废，栽培发菌时侵染菌袋，出耳期间首先在耳根及幼小的耳蕾上生长，然后由老耳根或死亡耳蕾向生长正常的耳柄基部发生侵染，引起耳柄基部出现淡黄色或黄褐色腐烂症状，并由基部向上扩展。在死亡耳蕾或老耳根上可长出蓝绿色或淡蓝色的粉状霉层。

2）发生规律　青霉菌平时腐生于土壤及各种有机物上，有的具有弱寄生性，其分生孢子随气流传播，空气中随处都有病菌的分生孢子，一旦沉降到有机物质上面，只要有一定的温度条件便可萌发生长，酸性反应的基质更适其生长。菌种生产过程是引起菌种受污染的重要杂菌，黑木耳栽培中多发生在采耳后留下的耳根及幼小耳蕾上，一旦在老耳根或耳蕾上生长后其菌丝可侵染与之接触的健康子实体。

3）防治方法　①菌种生产过程中，要保证在无菌条件下进行操作，防止培养袋的破损。②栽培时保证呈弱碱性反应，不利于青霉菌生长。③及时清挖采后留下的老耳根及衰亡的小耳蕾。④使用含量为25%的多菌灵可湿性粉剂拌料进行抑制，添加量为干料重的0.1%。⑤加强通风降温，保持清洁，定期消毒。⑥局部发生可用防霉1号、2号消毒液注射菌落，亦可用福尔马林注射，进行封闭。

（5）曲霉菌

1）形态特征与危害特点　曲霉的种类很多，污染菌种和栽培料的有黑曲霉、黄曲霉、黄绿曲霉、烟曲霉、棒曲霉、杂色曲霉、土曲霉等，其中以黑曲霉、黄曲霉和黄绿曲霉发生最为普遍。曲霉在自然界中分布广泛，种类繁多，是黑木耳菌种生产和栽培过程中经常发生的一种病害。初期为白色，后期为黑、棕、红等颜色，菌丝粗短。黑木耳菌丝受感染，很快萎缩并发出一股刺鼻的臭气，致使黑木耳菌丝死亡。曲霉不同的种，在培养基中形成不同颜色的菌落，黑曲霉菌落呈黑色，黄曲霉呈黄至黄绿色，烟曲霉呈蓝绿色至烟绿色，灰绿曲霉呈灰绿色，棒曲霉呈蓝绿色，杂色曲霉呈淡绿、淡红至淡黄色，大部分种呈淡绿色。曲霉不仅污染菌种和栽培菌袋，而且严重影响人体的健康。黄曲霉分泌的黄曲霉素是一种很强的致癌物质。黑曲霉和烟曲霉产生的孢子浓度高时可成为人体（以及鸟类和其他脊椎动物）的致病菌，寄生于肺内发生肺结核式的病症，这种病叫曲霉病或“蘑菇工人肺病”。

2）发生规律　曲霉主要利用淀粉吸收营养，因此培养基中含淀粉较多的菌袋易受其害。在通风不良并潮湿的条件下易发生，但曲霉也具有分解纤维素的能力。曲霉嗜高温，如烟曲霉在45℃或更高温度生长旺盛；黄曲霉、土曲霉可在65℃的高温中生存30分。

3）防治方法　①加强通风，控制喷水，降低温度和湿度。②严重时，可用1∶500倍的甲基硫菌灵或防霉1号、防霉2号消毒液处理病处。

（6）根霉菌

1）形态特征与危害特点　根霉是菌种生产和栽培过程中常见的一种污染杂菌，发生普遍，危害也相当严重。由于没有气生菌丝，所以污染后，其扩散速度较毛霉慢，范围也较小。培养基受根霉侵染后，初期在表面出现匍匐菌丝向四周蔓延。匍匐菌丝每隔一定距离，长出与基质接触的假根，通过假根从基质中吸收营养物质和水分。后期在基物表面0.1～0.2厘米高处形成许多圆球形颗粒状的孢子囊，颜色由开始时的灰白色或黄白色，至成熟后转变为黑色，整个菌落外观，犹如一片林立的大头针，这是根霉污染最明显的症状。发生根霉时避光观察，尤其是晚间借助手电筒观察时，其菌丝纤细、透明、有晶亮感，越近尖端处越明显增大，即为其孢囊。根霉孢子或菌丝随空气进入接种口或破袋孔，在富含麸皮、米糠的木屑培养料中，根霉迅速繁殖，在25～35℃时，只需3天整个菌袋孔就会长满灰白色的杂乱无章的菌丝。木屑麸皮培养料受根霉侵染后，培养料表面就会形成许多圆球状小颗粒，初为灰白色或黄白色，再转变成黑色，到后期出现黑色颗粒状霉层。如接种时带入根霉，根霉就会优先萌发抢占接种面，抑制食用菌菌种的萌发，导致接种失败。如在发菌中后期因破袋等而侵入的根霉菌丝就会与食用菌菌丝，在交接处形成明显的拮抗线，代料黑木耳菌丝虽然能在被根霉菌丝侵染过的培养料中生长，但养分转化不完全，泡水后易散筒。

2）发生规律　根霉适应性强，分布广。在自然界中生活于土壤、动物粪便及各种有机物上，孢子靠气流传播。匍枝根霉在30℃生长良好，但不耐高温，在37℃下，便不能生长。根霉与毛霉同属好湿性真菌。开始仅在料面或棉塞附近出现，当培养料含水量高或空气相对湿度大时，就很快扩展整个培养料，使整袋变黑，不能出耳。

3）防治方法　①根霉抗性较强，但耐碱性能力弱，可采用pH10以上石灰水予以抑制，但同时应采取通风措施。②初发污染，用150倍的施耳康喷洒或注射来灭杀。③如防治不及时、发生较重时，应予以清除，并同时喷洒150倍的施耳康药液，以防形成潜在的污染源。

(7)酵母菌

1)形态特征与危害特点　酵母菌是菌种分离、菌种生产及栽培过程中常见的污染菌。菌种袋(瓶)受酵母菌污染引起发酵,发黏变质,散发出酒酸气味,黑木耳的菌丝不能生长。试管母种被隐球酵母污染后,在培养基表面形成乳白色至褐色的黏液层;受红酵母侵染后,在琼脂培养基表面形成红色、粉橙色、黄色的黏稠菌落。

2)发生规律　酵母菌在自然界分布广泛,到处存在,大多生在植物残体、空气、水及有机质中。初次侵染是由空气传播孢子,再次侵染是通过喷水、工具(消毒不彻底)等传播。菌袋内堆肥偏湿,气温较高和通气不良的情况下,极易发生。培养基灭菌不彻底,接种没有按无菌操作规程进行,是酵母菌发生的主要原因。高温、高湿及通风差发生率较高。

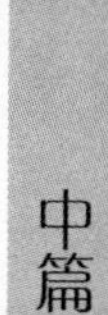

3)防治方法　①培养基灭菌要彻底,接种工具要进行彻底消毒,接种时要严格按无菌操作规程进行。②选用质量优良、纯正、无污染的母种接原种。在菌种生产时,培养料不要装得过多、过紧,使用适量的菌种袋。灭菌时,瓶袋之间保持适当的距离,利于蒸汽疏散。原种及栽培种不宜采用常压间歇灭菌方法。常压一次性灭菌至少要保持100℃8小时以上。③栽培过程中添加25%多菌灵可湿性粉剂拌料,添加比例为干料重量的0.2%。保持培养料适宜的含水量及温度。用干净的水喷洒,减少病菌的发生。④加强管理,保持环境清洁卫生,培养室内防止温度过高。在栽培生产中发现培养料温度过高,散发出酸味,及时用石灰水(pH13~14)浇灌培养料,控制酵母菌繁殖。

(8)细菌

1)形态特征与危害特点　细菌是单细胞裂殖的微生物,分布广,繁殖快,常造成食用菌制种和栽培过程的严重污染。细菌在黑木耳制种和栽培过程中发生普遍,危害也相当严重。试管母种受细菌污染后,在接种点周围产生白色、无色或黄色黏液状,其形态特征与酵母的菌落相似,只是受细菌污染的培养基能发出恶臭气味,黑木耳菌丝生长不良或不能扩展。栽培过程中,菌袋受细菌污染后,呈现黏湿、色深,并散发出酸臭味,黑木耳菌丝生长受阻,严重时,培养料变质、发臭、腐烂。

2)发生规律　灭菌不彻底是造成细菌污染的主要原因。此外,无菌操作不严格,环境不清洁,也是细菌发生的条件。细菌适于生活在高温、高湿及中性、微碱性的环境中。

3)防治方法　①培养基灭菌要彻底,接种工具要进行彻底消毒,接种时要严格按无菌操作规程进行。②选用质量优良、纯正、无污染的母种接原种。③栽培时可使用合适剂量的青霉素或链霉素进行防治。

(9)放线菌

1)形态特征与危害特点　放线菌在自然界分布广泛,主要以孢子或菌丝状态存在于土壤、空气和水中,尤其是含水量低、有机物丰富、呈中性或微碱性的土壤中数量最多。放线菌侵染基质后,只在个别基质上出现白色或近白色的粉状斑点。在被污染的部位有时会出现溶菌现象,有时会形成干燥发亮的膜状组织。

2)发生规律　放线菌广泛分布于土壤、稻草、粪肥中,尤其是中性、碱性或含有机质丰富的土壤最多,孢子主要靠空气传播。该菌的繁殖需有氧和高温条件,46.1~57.2℃

时生长迅速，因此菌种及菌筒培养基温度高时极易发生病害。

3）防治方法　①菌种培养室使用之前，要进行严格的消毒处理。消毒药品可用菌室专用消毒王熏蒸处理或用金星消毒液进行全方位的喷洒消毒。②菌种袋上锅灭菌时，一定要以最快的速度将温度上升到100℃，并维持2小时左右。③夏季要防止菌种棉塞受潮，菌种灭菌时，可用菌种防湿盖盖上棉塞后再灭菌，而且棉塞不要太松。④接种时要认真做好消毒工作，严格执行无菌操作，防止接种时菌袋污染。⑤出现放线菌污染的菌袋，要挑开处理。

诫告家行

在杂菌的防治上，一定要把预防放在首位，严格按照要求，层层把关，尽量避免杂菌感染。因为杂菌位于菌袋内，并且与黑木耳菌丝混杂在一起，处理起来十分繁琐，而且效果还不是很好。

3. 害虫

（1）螨类

1）形态特征与危害特点　虫体很小，只有在成堆成片时，才可能看到有粉末状东西。受害菌瓶（袋）的菌丝不萌发，萎缩进而稀疏退化，咬食菌丝体和子实体。咬食菌丝体后，菌丝枯萎、衰退，严重时可将菌丝吃光。它可以咬死耳蕾，在已经长大的子实体上危害，造成子实体表面形成不规则的褐色凹陷点，吃了带有螨虫的子实体可引起腹泻。

2）防治方法　①把好菌种的质量关。保证菌种本身不带任何螨类，防止螨类进入菌种瓶（袋）内及棉花塞上。②搞好卫生。搞好菇房及栽培场地内外的清洁卫生，保证菇房及栽培场地与粮食、饲料仓库及鸡舍畜舍等有一定距离，并及时清除死耳和废料。③毒杀。药剂防治方面，可用20%三氯杀螨醇1 000倍液，或73%克螨特乳油2 000倍液，或50%溴螨酯2 000倍液喷洒耳床，在子实体生长期不能使用。④诱杀。可用糖醋液湿布法诱杀或毒饵诱杀，即醋∶糖∶敌敌畏∶经炒黄焦的米糠（麦麸）以1∶5∶10∶48比例混合，撒于耳床四周诱杀。

（2）跳虫

1）形态特征与危害特点　跳虫又叫烟灰虫，最常见的有紫色跳虫、黑扁跳虫等。跳虫危害黑木耳子实体，常聚集在接种穴周围或耳片基部。危害菌丝，致使耳蕾和耳体枯萎死亡。成虫：形如跳蚤，肉眼难以看清，体长1.0～1.5毫米，淡灰色至灰紫色，有短状触须，身体柔软，常在培养料或子实体上快速爬行，尾部有弹器，善跳跃，跳跃高度可达20～30厘米，稍遇刺激即以弹跳方式离开或假死不动。体表具蜡质层，不怕水。幼虫：白色，体形与成虫相似，休眠后蜕皮，银灰色，群居时灰色，如同烟灰，故又名烟灰虫。

卵:白色球形,半透明,常产于食用菌培养料内或覆土层上。

2)发生规律　①生长繁殖快,周期短。跳虫在温暖(20~28℃)潮湿(空气相对湿度85%)的条件下相当活跃,繁殖速度最快,每年可发生6~7代。②喜潮湿环境。跳虫常群集于培养料内或耳片表面咬食播种后的菌种或已萌发的菌丝、幼耳,使之枯萎死亡。也能钻进耳柄中取食,1~3天即将已成熟的子实体啃得千疮百孔,失去商品价值。③生活范围广,杂食性强。跳虫多发生在通风透气差,环境过于潮湿,卫生条件极差的菇房。它们可在水面漂浮,且跳跃自如,特别是在连续下雨后转晴时数量更多。④常携带和传播病虫害,造成交叉重复感染。跳虫的成虫和幼虫体表携带大量的病菌和螨虫。随着跳虫产卵取食等活动,跳虫病虫害也迅速蔓延到所到之处。若条件适宜,则出现交叉重复感染,给食用菌生产造成重大损失。

3)防治方法　①清洁卫生,消灭虫源。彻底清除制种场所和栽培场所内外的垃圾,尤其不要有积水,防止跳虫的滋生。菇房和覆土要经过药物熏蒸消毒后方可使用。菇房门窗安装纱网。②诱杀法。跳虫有喜水的习性,对于发生跳虫的地方可以用水诱集后消灭,具体做法是:用小盆盛清水,很多跳虫会跳于水中,第二天再换水继续用水诱杀,连续几次,将会大大减少虫口密度;用稀释1 000倍的90%敌百虫加少量蜂蜜配成诱杀剂分装于盆或盘中,分散放在菇房内,跳虫闻到甜味会跳入盆中,此法安全无毒,同时还可以杀灭其他害虫。③药物防治。对黑木耳病虫害不提倡使用农药防治,应尽量采用其他方法,少用或不用农药,只有当虫害严重时方能不得已而为之。具体做法是:喷洒2.5%联苯菊酯乳油或10%吡虫啉可湿性粉剂2 000~3 000倍液,4~5天1次,共3次。或1米^{3}用10克磷化铝熏蒸。

(3)欧洲谷蛾

1)形态特征与危害特点　欧洲谷蛾属鳞翅目谷蛾科。该虫为世界性仓库害虫,不仅危害谷物、豆类、花生、皮革等贮藏物,还严重危害黑木耳、竹荪、猴头菌等食用菌干制品,使其失去实用价值,造成不可挽回的经济损失。以幼虫蛀食黑木耳子实体,形成空洞并排除子实体残末和粪便,严重影响黑木耳的商品价值。成虫:体长5~8毫米,翅展12~16毫米;头顶有显著的灰黄色毛丛。前翅狭长,灰白色,散生不规则的紫褐色斑纹,后翅顶端尖,外缘和后缘具灰黑色的长缘毛。卵:长0.3毫米,扁椭圆形,表面光滑有光泽。幼虫:老熟幼虫体长7~8毫米,头部赤褐色,胴部淡黄色,臀板淡黄褐色。蛹:长6.5毫米,被蛹,喙极短。

2)发生规律　在中原和华中地区每年发生3代,以幼虫在受潮后的黑木耳、竹荪或其他贮藏物品以及仓壁缝隙中做成强韧灰褐色薄茧越冬,翌年当气温上升到12℃以上,幼虫破茧而出,取食危害,4月中旬前后化蛹,4月下旬羽化为成虫,5月上中旬第一代幼虫孵化,开始危害黑木耳。第一、第二、第三代幼虫发生期分别在5月上旬至6月上旬、6月下旬至8月下旬、8月下旬至10上旬。欧洲谷蛾发育繁殖的适宜温度为15~30℃,在10℃以下、35℃以上丧失一切活动能力,50℃以上持续30分,死亡率为100%。雌虫一般产卵于耳片及包装物品上,也产卵于仓壁缝隙中,每头雌虫产卵量在20~120粒,平均80~90粒。

3）防治方法　①高温灭虫。在制干耳时，先暴晒鲜耳，后随即放入40℃左右的烤房内烘7～8小时，再加温至50～60℃，使耳含水量在20%左右，再在50℃下保持数小时，使耳含水量降至13%左右取出，装入密闭的容器内即可。②耳仓处理。干耳入仓前，彻底清除仓内的陈旧物品，并喷药灭虫。如有条件使耳仓保持温度2～5℃、空气相对湿度50%～55%，也可防止该虫危害。

（4）蓟马　形态特征与危害特点及防治方法参照本节段木生产中蓟马相关内容。

（5）伪步行虫　形态特征与危害特点及防治参照本节段木生产中伪步行虫相关内容。

（6）眼蕈蚊

1）形态特征与危害特点　又叫菌蚊、菇蚊。幼虫均有群居性，危害害菌丝，并蛀食子实体，有趋光性。多在培养料表面咬食菌丝、菌膜，不深钻料面，使培养料呈黏湿状，不适于黑木耳生长。耳片被咬食后，腐烂消融。成虫淡褐色，体长4.5～6毫米，触角丝状。幼虫灰白色，长筒形，老熟幼虫10～13毫米长，头部骨化为黄色，眼及口器周围黑色。

2）发生规律　眼蕈蚊1年发生多代，幼虫在菇房的培养料或废弃的食用菌培养料中越冬。成虫活泼，善于飞翔和爬行，有明显的趋光性，对培养料和子实体等有趋性，或趋向腐烂的或已废弃的培养料；成虫产卵于培养料或腐殖质中，幼虫孵化后既可在黑木耳上，也可在腐殖质多的地方生活。

3）防治方法　①保持菇房及环境的清洁，出耳房用前进行杀虫处理，安装纱窗，杜绝虫源，还可安装黑灯诱杀。需药物防治时，要将子实体采净。②用50%溴氢菊酯或20%杀灭菊酯2 500～3 000倍液，或50%马拉硫磷1 500～2 000倍液喷洒。严重发生时，可采净耳后，用10%菌蚊净熏蒸，用量0.27克/米^3，每天熏蒸1次，连续3次能彻底杀灭出耳房内各发育期的蕈蚊。

（7）瘿蚊

1）形态特征与危害特点　瘿蚊又名小红蛆，既取食黑木耳的菌丝和培养料，也咬食子实体。瘿蚊的胎生小幼虫活动力强，爬行迅速，大量群集于耳基危害。干旱时幼虫爬行困难，常卷成弧形，向前后弹开，借以转移。若幼虫在恶劣条件下停食化蛹，则主要在培养料表面处做室化蛹。同时，幼虫也可在土块表面作室化蛹。瘿蚊主要是幼虫危害，先危害菌丝，使菌丝迅速衰退，耳蕾枯死，子实体形成后，还可以在子实体处群集取食，严重影响产量和品质。

2）发生规律　对瘿蚊繁殖的影响因素主要是温度、湿度和营养。其中温度若适合，可持续进行无性繁殖，种群数量增长迅速；培养料若适合，营养丰富，老熟幼虫体内脂肪积累多，则繁殖量较大，种群数量增长迅速。培养料短缺是导致幼虫停食化蛹的原因之一，但把将要化蛹的老熟幼虫再移入适宜的培养料中，其中部分又能怀胎进行童体生殖。

3）防治方法　①耳房处理。对耳房、床架进行药物处理，以杀死驱逐其间的虫蛹和成虫或幼虫，同时进料前对培养料进行药剂处理，以杀死瘿蚊幼虫和卵。②药物防治。发现瘿蚊危害后，及时施药控制。除虫菌粉和石灰粉按1∶1拌匀，采耳和喷水后均匀撒施。以25%菊乐合酯乳油1 000～2 000倍液喷施或以50%辛硫磷1 000倍液喷洒，每10天1次。③黑光灯诱杀成虫。④人工捕杀。当子实体发现幼虫时，及时摘除灭杀，防止蔓延。

(8)果蝇

1)形态特征与危害特点　果蝇主要是幼虫时期危害黑木耳菌丝体和子实体。幼虫从耳基钻入,在子实体表面可见到钻蛀孔。剖开子实体可见幼虫蛀食的隧道。菌丝和耳蕾被果蝇幼虫侵害后,停止生长,逐渐枯萎、腐烂,进而导致细菌大量发生。成虫体黄褐色、触角呈羽状、复眼红色或白色,腹末有黑色环纹5~7节。幼虫白色至乳白色,无胸足及腹足,蛆状;卵乳白色,长约0.5毫米;蛹长椭圆形,深褐色。

2)发生规律　果蝇生活史历期很短,在春季12~16天即可完成一个世代,10~30℃都能正常产卵繁殖。成虫有趋光性、趋化性,尤其是对糖醋液有很强的趋性。

3)防治方法　①基本防治方法同菇蚊。②用糖醋液诱杀成虫。糖醋液配方为:酒:糖:醋:水=1:2:3:4,加几滴敌敌畏,置于灯下进行诱杀。

(9)蚤蝇

1)形态特征与危害特点　成虫体长一般不超过2毫米,前翅透明,翅脉仅前缘基部3条粗壮中脉,其他翅脉细弱。后足长,腿节偏扁,径节前端有毛。胸部背板上拱呈驼背形。卵为圆形,白色。幼虫为蛆形,无足,体长4毫米左右,无明显头部,前端内有一对游离咽骨,下颚不发达,上唇在2个口钩下向前突出,口钩直伸,幼虫体有11节痕,后端斜圆,具2乳突,蛹为围蛹,两端细,腹面平面背面隆起。对春季栽培的较秋季危害严重,在干燥的环境中成虫幼虫均很快死亡。

2)发生规律　腐殖质多,野生菌类丰富的场所是蚤蝇的良好繁殖场所,温度高、湿度大则利于蚤蝇成虫的繁殖和幼虫的发育,成蝇能直接飞入耳房,卵、幼虫、蛹随堆肥或其他培养料进入耳房,而温度、湿度较高的耳房条件则为其繁殖发育提供了良好的场所。据观察,蚤蝇成虫在16℃以上非常活跃,在13℃以下活动性下降。

3)防治方法　①搞好耳房周围卫生。选好耳房所在场所,耳房应选在远离蚤蝇滋生场所的地方。②在接种后2~3周应特别注意防成虫飞入耳房繁殖危害。防止成虫迁入的方法同菇蚊。③物理防治。用高压静电灭虫灯杀菌蝇、菌蚊,成本较低,且使用方便。④化学防治。化学杀除药剂使用同菇蚊。⑤在整个栽培过程中,在合理用光的前提下尽量减少光照,可在一定程度上控制蚤蝇蔓延。⑥生物防治。可利用保幼激素处理培养料,效果好,且不影响菌丝生长,无残留毒害。

诫告家行

在虫害的防治过程中,要及早并长期采用物理方法,可以有效控制害虫。在采用药剂防治时,一要注意不要伤及黑木耳的菌丝体和子实体;二要根据其发生规律,注意抓好关键防治环节,如越冬场所、繁殖期、幼虫期等,才可以收到良好效果。

4. 其他有害生物

(1)线虫

1)形态特征与危害特点　危害黑木耳的线虫主要是以吞食或取食菌丝为主。栽培袋遭受线虫危害后，主要病状是播种后的菌丝生长不良或不发菌，或发菌后出现菌丝逐步消失的“退菌”现象，表面出现下陷斑块，散发出特殊的腥臭气味，造成不出耳或严重减产，耳色变黄，严重受害的子实体松软呈海绵状或呈湿腐状，表现黏滑，散发出腥臭气味，失去商品价值。线虫的体形均为长圆柱状，长约 1 毫米，宽约 0.03 毫米，两头稍尖细，不分节，半透明，白色。

2)发生规律　危害黑木耳的线虫 13℃时，完成一代需要 40 天，18℃时需要 26 天，23℃时仅 1 天。18℃时适宜繁殖，在 26℃时繁殖几乎停止，气温低于 13℃时很少繁殖和危害。该线虫在水中会结团，在逐渐干燥的条件下，成为休眠体，能借风吹、水流等传播。一旦条件适合，可再重新活动，可以在一定环境中存活 3 年之久。

线虫发生的原因有：①环境卫生不好是线虫发生的主要原因。环境卫生条件不好，易大量滋生线虫，并且很容易使培养料受线虫侵染。线虫一旦进入，在温度、湿度条件适宜时能迅速繁殖，成为初侵染源，并随操作工具、人员活动、昆虫携带及水流传播等蔓延开来，造成更大危害。②适宜温度是其大量繁殖的有利条件。线虫耐低温能力强，但不耐高温。多数种类适宜的温度范围为 13 ~ 25℃，少数为 10 ~ 30℃。在适温范围内，只要湿度允许，温度越高，繁殖速率越快，发生危害就越严重。③湿度是线虫生存、传播的决定性因素。多数线虫喜欢高湿，培养料湿度过大，利于其大量繁殖。若培养料较干，即使在适宜温度范围内也不能大量繁殖。蘑菇菌丝线虫、蘑菇堆肥线虫能在具有菌丝的水中存活 100 天以上，在普通水中也可存活 60 天左右。线虫活动需要有水存在，水是线虫传播的主要媒介。

3)防治方法　①菇房发现线虫危害时，可用磷化铝熏蒸。②消灭蚊、蝇，防止其将线虫带入菇房。③搞好菇房内外环境卫生，及时清除烂耳、废料。水质不净时，可在水中适量加入硫酸铝钾沉淀净化，可除去线虫。

(2)蛞蝓　形态特征与危害特点及防治方法参照本节段木生产中蛞蝓相关内容。

(3)鼠害　鼠害已成为全球性的严重问题，在食用菌栽培中以黑木耳、蘑菇、平菇、茯苓及金针菇受害最重，是食用菌栽培中的突出问题之一。

1)形态特征与危害特点　害鼠因较为常见，形态特征不再赘述。在菌种生产时，对瓶装菌种主要是咬破棉花塞，致使棉塞松动甚至被掏出，导致培养料被污染杂菌。塑料袋装菌种，则咬破塑料袋。在培养料内打洞破坏菌袋。出耳期是直接取食幼耳或子实体，耳蕾被啃食后不能发育分化成子实体，已分化形成的子实体被啃食后，有明显的缺刻或凹陷大斑，使产品失去商品价值。在储藏期间的干耳也易遭鼠害。

2)防治方法　防治鼠害应坚持预防为主的原则。具体防治措施：①清理环境。创造良好的生态环境，预防害鼠迁入。建造耳棚时，应远离居民区、仓库、暗水沟及树林等易潜藏害鼠的场地，建棚后彻底清理耳棚附近的石堆、草垛等。旧棚应在进料前堵除鼠洞，提前防治。②毒饵诱杀。这是常用的有效措施。选用鼠类最喜食的诱饵，拌入适量的杀鼠药进行诱杀。如褐鼠宜用饭食、蔬菜及肉类作诱饵；社鼠、田姬鼠、仓鼠宜选用豆类、麦类、玉米作诱饵；沙土鼠选用麦类；莫氏田鼠选用胡萝卜、马铃薯、蔬菜为宜；鼢鼠选用大葱、胡萝卜效果最佳。其次是根据不同杀鼠药和鼠种的体型大小确定有效的用药量。目前市场上出售的杀鼠农药种类很多，据体型中等的鼠种为例，不同杀鼠农药的用量（见表4）。拌饵方法：在鼠种喜吃的粮食中加入一定量的黏着剂如稀面糊、米汤等，拌均匀后再将鼠药拌入即可。也可将粮食煮半熟，捞出后趁热拌入鼠药。用多汁性蔬菜，如大葱、胡萝卜、马铃薯作饵料，均采用生拌法，将饵料切成豆粒大小的块状后拌入农药即可。对体型小的莫氏田鼠可适当减少用药量，在毒饵中加3%的磷化锌即可；对体型大的鼢鼠则需要10%的磷化锌。撒饵方法：使用毒饵诱杀鼠害，必须利用鼠类取食困难的时期，否则会因鼠食饵少影响毒杀效果。在野外施用饵料选在早春，此时作物尚未播种，牧草也未发芽，诱饵毒鼠的效果最佳。把10~20克饵料投放在鼠类活动觅食的地方或距鼠洞1~2米，切忌把饵料投放在鼠洞口或洞内，避免引起鼠类的警觉而拒食。投饵应一次投足，因鼠类一次中毒未死，则不再食饵。对常年生活于地下的鼢鼠，须用辅助工具把饵料投入洞内，方可达到诱杀效果。③磷化铝熏杀。在毒饵诱杀困难的情况下，可采用磷化铝熏杀。磷化铝是一种灰绿色片剂，每片3克，在潮湿空气中很快分解放出磷化氢毒气，遇酸反应更强烈。用药时先摸清洞情并堵好洞口，将磷化铝片剂送入洞内，随后灌水并堵好洞口熏杀。④人工捕捉。这种方法是人们常用且安全有效的方法之一，如采用鼠夹、地箭、鼠笼、灌水等。

表4　常用杀鼠毒饵的用药量（%）

<table>
<tr><th>鼠药名称</th><th>家鼠拌药量</th><th>野鼠拌药量</th></tr>
<tr><td>磷化锌</td><td>3</td><td>3~5</td></tr>
<tr><td>安妥</td><td>1~2</td><td>2~3</td></tr>
<tr><td>鼠立死</td><td>0.1~0.4</td><td>0.2~0.4</td></tr>
<tr><td>毒鼠磷</td><td>1~2</td><td>2~3</td></tr>
<tr><td>杀鼠糖</td><td colspan="2">5~10</td></tr>
<tr><td>敌鼠钠盐</td><td>0.05</td><td>0.05~0.1</td></tr>
<tr><td>杀鼠醚</td><td>0.0375</td><td>0.0375</td></tr>
<tr><td>杀鼠灵</td><td colspan="2">0.025~0.05</td></tr>
</table>

（三）危害黑木耳的常见害虫识别

能给黑木耳生产造成危害的虫类较多，概括起来大体上有昆虫类、螨类和软体类等。

(1)螨类识别及危害症状　见图99、图100。

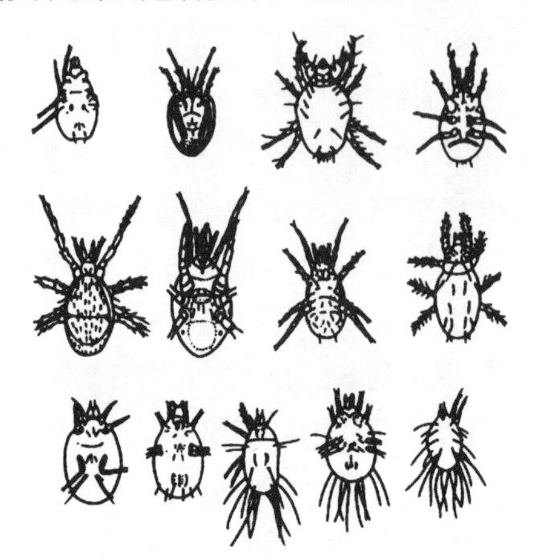

图99　各种螨类成虫

图100　螨类的危害症状

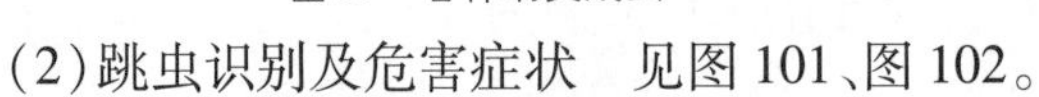

(2)跳虫识别及危害症状　见图101、图102。

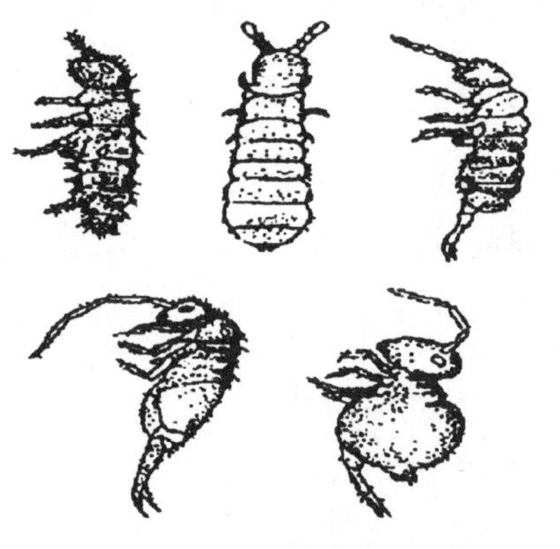

图101　各种跳虫成虫

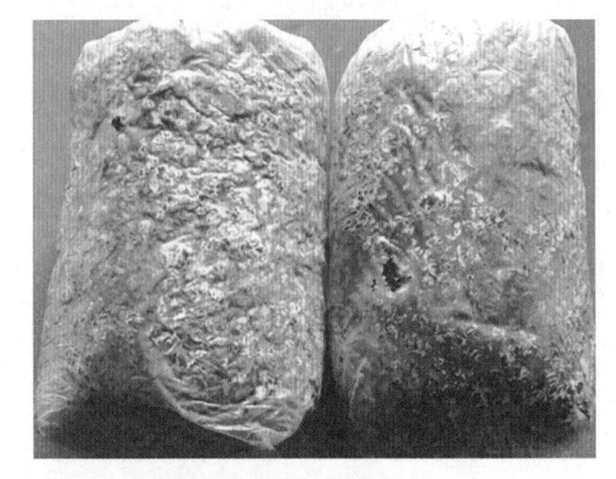

图102　跳虫的危害症状

(3)线虫识别及危害症状　见图103、图104。

图103　各种线虫成虫

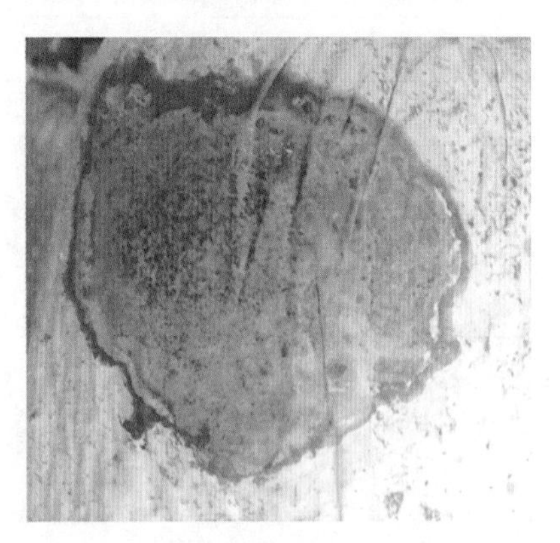

图104　线虫的危害症状

(四)危害黑木耳的常见病害识别

在黑木耳的生产过程中,时刻都遭受着杂菌的威胁,稍有不慎,就会受到侵染,给生产造成损失。因此,防止危害的发生是生产者效益的保障,识别病害并能对症下药是把损失降到最低的唯一办法。

（1）环纹炭团菌及麻炭团菌病害识别及危害症状　见图105。

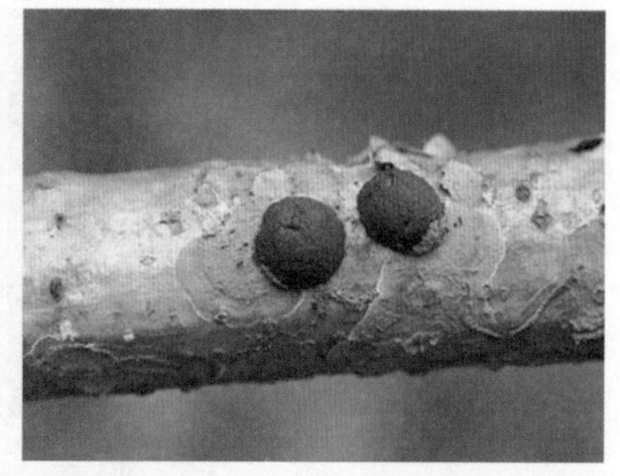

图105　炭团菌的危害症状

（2）韧革菌病害识别及危害症状　见图106。

图106　韧革菌的危害症状

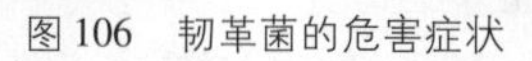

(3)牛皮箍病害识别及危害症状　见图107。

图107　牛皮箍的危害症状

(4)朱红栓菌病害识别及危害症状　见图108。

图108　朱红栓菌的危害症状

(5)绒毛栓菌病害识别及危害症状　见图109。

图109　绒毛栓菌的危害症状图

(6)裂褶菌病害识别及危害症状　见图110。

图110　裂褶菌的危害症状

(7)绿色木霉菌病害识别及危害症状　见图111。

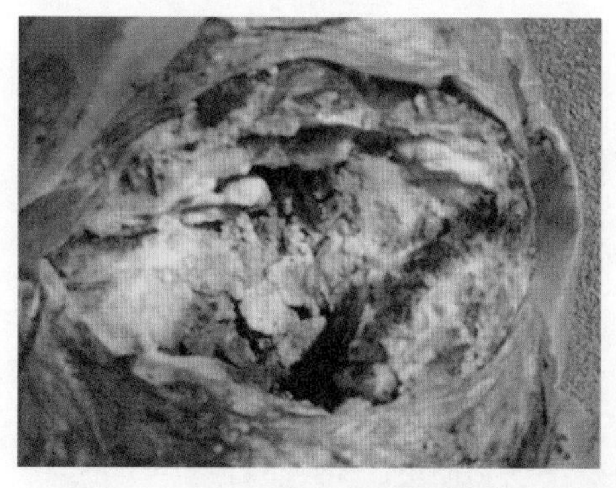

图111　绿色木霉菌的危害症状

(8)链孢菌病害识别及危害症状　见图112。

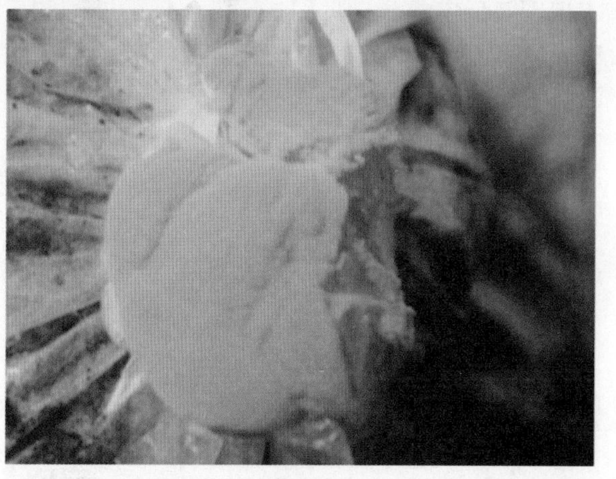

图112　链孢菌的危害症状

(9)毛霉菌病害识别及危害症状　见图113。

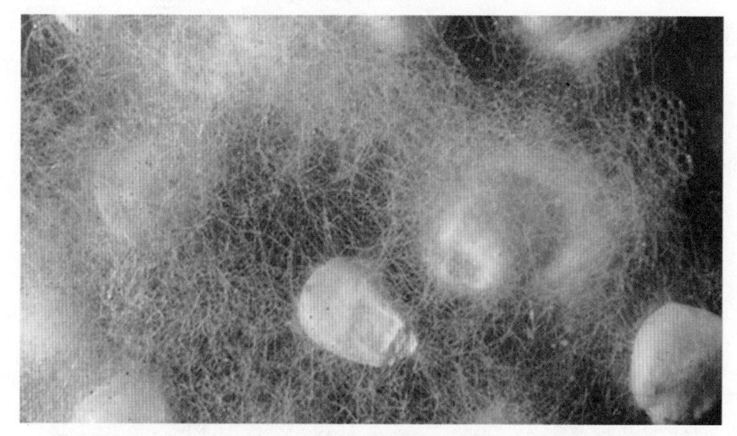

图113　毛霉菌的危害症状

(10)青霉菌病害识别及危害症状　见图114。

图114　青霉菌的危害症状

(11)曲霉菌病害识别及危害症状　见图115。

图115　曲霉菌的危害症状

(12)根霉菌病害识别及危害症状　见图116。

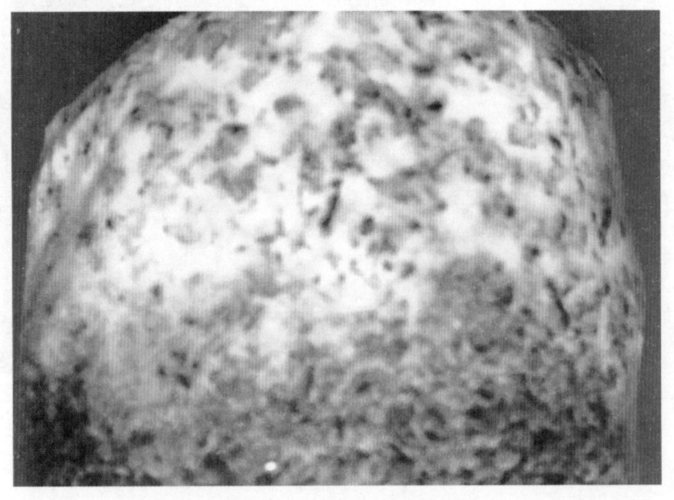

图116　根霉菌的危害症状

下篇

专家点评

生产能手们所讲的黑木耳栽培经验弥足珍贵,对黑木耳生产作用明显,但由于其自身所处环境的特殊性,也存在着一定的片面性。为确保读者开卷有益,请看行业专家解读能手们所谈之“经”的应用方法和使用范围。

点评专家代表简介

杜适普，男，汉族，中共党员。1966年9月生，高级农艺师。河南省伊川县人。现为河南省三门峡市农业科学研究院生物研究所所长，河南省食用菌协会理事。

1991年参加工作以来，一直从事食用菌科研、生产和示范推广工作，主要研究方向是食用菌优良菌株的选育和野生菌株的驯化、高产高效配套栽培技术、病虫害防治技术、食用菌保鲜加工技术、智能化生产技术。曾获省、市科研成果奖励20多项，主持和参与编写食用菌专业技术书籍15本，主持和参与制定食用菌生产技术规范和产品标准30多项，发表食用菌专业学术论文30多篇。

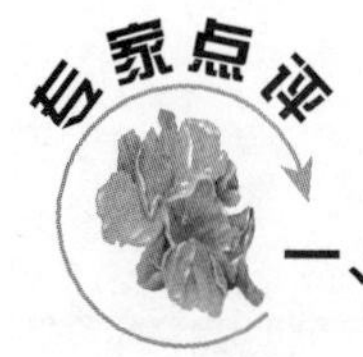

专家点评

一、黑木耳栽培场地的选择

黑木耳的生产周期较长。在漫长的生产过程中，除所用原材料外，生产用水质量和环境空气质量的好坏，也同样会影响到黑木耳子实体的健康生长和产品的质量安全。

为了获得黑木耳高产，必须要有满足黑木耳生长发育所需环境条件的生产场地。生产场地的好坏，是直接关系到黑木耳产量高低和品质优劣的重要因素。那些周围环境清洁，光线充足，通风良好，保温保湿性能好，便于排灌的大块耕地、山坡地、林地、葡萄架下、房前屋后等场所，均可用作黑木耳生产场地。

知识链接

(一)段木黑木耳场地选择(图117)

图117 段木栽培场地

1. 场地清洁卫生 出耳场地要求地势较高、排灌水方便、通风向阳、环境卫生、空气清新，远离畜禽圈舍、饲料仓库、生活垃圾堆放场、填埋场等病虫害源区。

2. 无污染源 黑木耳生产场地要求5 000米以内无工矿企业污染源；3 000米之内无生活垃圾堆放和填埋场等。

3. 方便管理与销售 选择交通方便，水电供应有保证，保温、保湿性能好的地方建场。

(二)地栽黑木耳场地选择(图118)

图118 地栽黑木耳场地

1. 要离水源近，水质无污染　木耳子实体生长阶段需要大量清洁的水，如离水源太远会提高劳动强度和成本，甚至会因浇水不及时而影响产量。

2. 要地势较高，排灌方便　那些地势过于低洼的地带，水势浅，地面湿黏，操作不便；河床上的场地，易受洪涝灾害，大水冲走菌袋的地方不宜选作出耳场。也可以因地制宜，根据不同的地势、不同的环境条件制作不同的畦床。地势较低的地带排水不好，可做地上床；地势较高的地带排水好，可做地下床。

3. 要因势利导选择场地　灵活运用太阳能板下面、林地、果园、葡萄架下、大田、菜地等一切能够利用的场地作耳场。太阳能板、植物的枝叶都可以像遮阳伞一样起到遮阴和保湿的作用。

4. 要远离污染源　有些生产部门本身利用某些菌类进行生产和加工，如酒厂、食品厂、酱油厂、制药厂等。这些有所利用的菌物均属食用菌杂菌。曾发生恶性杂菌污染（如链孢霉）的场地，过于肮脏的垃圾场，等等，均应避而远之。

5. 沙滩地不宜作为黑木耳出耳场所　松散的沙滩地持水能力差，耳床保湿性较差。而且细沙粒还很容易溅到耳片上，影响黑木耳质量。

6. 根据不同的季节，不同的环境条件，灵活选择场地　春秋凉爽的季节可选择背风向阳的场所，便于升温保湿；而高温的夏季出耳则适宜在阴坡、高岗、林地等阴凉地方，以利于降温出耳。

（三）立体栽培黑木耳场地选择（图119）

图119　立体栽培黑木耳场地

1. 场地周围环境清洁　场地要求背风向阳，地势平坦，光线要充足，又方便遮阳的地方，以满足黑木耳在出耳期间对温度和光照等环境条件的要求。

2. 因地制宜选择场所　可利用闲置的房屋、棚舍、山洞、窑洞、房屋夹道或搭塑料地棚，或在林荫地、甘蔗地挂袋出耳。

3. 便于通水换气　墙壁开设下窗和上窗，房顶设置拔风筒，便于通风换气，地面铺一层沙石，利于保湿和消毒。室内设置多层床架，以便于多层挂袋出耳。

4. 远离污染源　要远离猪场、鸡场、垃圾场等杂菌滋生地，保证黑木耳的质量安全。

二、黑木耳栽培配套设施的利用

黑木耳生产，从东北的黑龙江到西南的四川，栽培范围十分广泛。广大的黑木耳生产者根据当地气候特点和资源优势，因地制宜设计建造各具特色的配套栽培设施，并通过科学有效的管理模式和方法，为黑木耳栽培的成功提供了物质保障。

能手谈到的几种栽培设施是在河南和山西大面积应用的黑木耳栽培设施，这些设施结构简单、可用空间大、使用寿命长、小型运输工具出入及管理人员操作方便。但是这样的设施空间利用率低、建造成本高、低温季节保温效果差、空间温湿度难以控制。其实，适宜黑木耳正常生长发育的场地多种多样，国内常见的还有工厂化菇房、泡沫板菇棚、高标准控温菇房、砖瓦结构菇房、半地下式简易菇房、竹木结构简易菇棚、露地简易小拱棚等，以及具有较好通风换气条件的地下室、人防工事、山洞等，生产者完全可以根据自身的经济基础，现有的设施条件及生产规模等灵活掌握，选择不同的生产设施，采用不同的栽培模式。

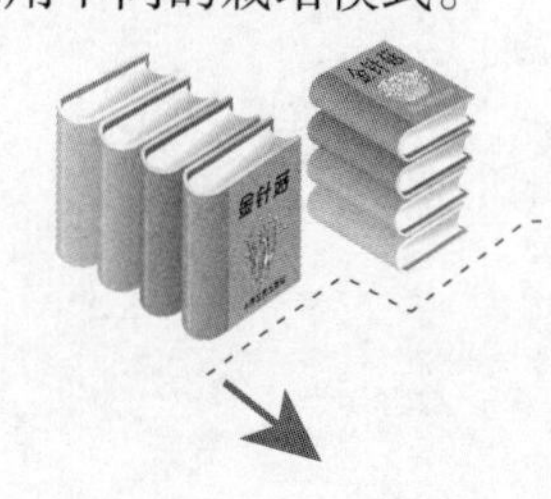

知识链接

（一）较常见的栽培设施

1. 工厂化栽培　黑木耳工厂化栽培专用菇房，内设多层床架，具有控温、增湿、通风、光照等多种环境因子调控功能，见图 120。

图 120　工厂化栽培

2. 泡沫板菇房　泡沫板菇房是有钢骨架、泡沫板、塑料薄膜构建而成的，内设床架，可人工控温栽培，也可以靠自然条件进行栽培，应用较为广泛，见图 141。

图 121　泡沫板菇房

3. *高标准控温菇房* 高标准控温菇房是根据黑木耳生长发育特性建造的专用设施化栽培菇房，内设床架。配备制冷和加温设备，可完全由人工控制温度、湿度、光照、空气等环境因子，见图122。

4. *砖瓦结构菇房* 砖瓦结构菇房是一种结构较为简单，在自然季节使用的栽培设施，见图123。这类设施在长江以南，温度相对较高的地区较为常见，北方地区也有使用。

图122 高标准控温菇房

图123 砖瓦结构菇房

5. *半地下式简易菇房* 半地下式简易菇房也是一种结构简单的的栽培设施，见图124。在华中和华北地区较为常见。适合在自然季节地栽模式使用。

图124 半地下式简易菇房

6. *露地简易小拱棚* 露地简易小拱棚就是选择平坦的空闲地，用竹片起拱，盖塑料薄膜和遮阳网建成，见图125。该模式适合华中和华南地区自然季节栽培使用或是春提前和秋延后栽培使用。

图125 露地简易小拱棚

7. 竹木结构简易菇棚　竹木结构简易菇棚简单易建，投资少，由竹木棚架、塑料薄膜、遮阴层构成，其内部及外观结构见图126。适合江南地区栽培使用。

1. 内部

2. 外观

图126　竹木简易菇棚

以上介绍的几种栽培设施，仅仅是对各地使用较多的一些类型进行简单的总结，推荐给大家。不论选用何种设施，都不能死搬硬套。灵活运用黑木耳的生物学特性，创造性地设计出适宜自身综合条件的栽培设施，才能更好地进行黑木耳生产。

（二）栽培设施的建造

栽培设施的建造需要根据所处的生态环境、自身的经济基础、现有的设施条件及实际生产规模等因素灵活掌握，选择适宜的材料，建造适宜的形态、结构、功能的生产设施，用于黑木耳的生产。由于黑木耳生产所需光照相对较多，日光温室栽培便于充分利用阳光，会更节约能源。日光温室的形式多种多样，这里介绍几种常用的效果较好的形式：短后坡高后墙塑料薄膜日光温室、全钢拱架塑料薄膜日光温室、97式日光温室、半地下式薄膜大棚等。

1. 短后坡高后墙塑料薄膜日光温室　短后坡高后墙塑料薄膜日光温室是一种比较常用的日光温室，跨度5～7米，后坡上有柱、梁、椽、板、玉米秆和泥土或混凝土构成骨架和保温层。矢高2.2～2.4米，后墙高1.5～1.7米，寒冷的华北地区北墙厚0.5米，墙外培土，日光温室四周开排水沟。其外形见图127。

图 127　短后坡高后墙塑料薄膜日光温室

2. 全钢拱架塑料薄膜日光温室　跨度 6.8 米，矢高 2.7 米，后墙为 43 号空心砖墙，高 2 米；钢筋骨架，上弦直径 14 ~ 16 毫米，下弦直径 12 ~ 14 毫米，拉花直径 8 ~ 10 毫米，由 3 道花梁横向拉接，拱架间距 60 ~ 80 厘米，拱架的上端搭在后墙上；拱架后屋面铺木板，木板上抹泥密封，后屋面下部 1/2 处铺炉渣作保温层；通风换气口设在保温层上部，每隔 9 米设一通风口。温室前底脚处设有暖气沟或加温火管。这种结构的温室大棚，坚固耐用，采光良好，通风方便，有利保温和室内作业。其结构见图 128。

图 128　全钢拱架塑料塑料薄膜日光温室

3. 97 式日光温室　室内净宽 7.5 米，长 60 米，脊高 3.1 米，顶高 3.47 米，后墙高 1.8 米，跨度 2 米，室内面积 453.6 米^2，内部无立柱。前屋角 20.22°，立窗角 70°，后坡 30°，前后坡宽度投影比 3.8∶1，属短后坡型。

覆盖材料是用 0.15 毫米或 0.12 毫米进口聚乙烯长寿膜，双层充气，也可根据生产要求，内层使用红外保温无滴塑料薄膜，整体充气，薄膜无接缝，不用压膜线，抗风能力强。

97 式日光温室将双层塑料薄膜充气结构改进为双层砖墙结构，保温性提高，热量流失少。温室顶部、侧墙配有专门的通风窗，可灵活控制温室内温度及通风量。其外形结构见图 129。

图 129　97 式日光温室

4. 半地下式塑料大棚　半地下式塑料大棚一般在建造时，大棚的主体部分向地面下挖 1.2 ~ 1.4 米，大棚外的高度 60 厘米左右，而大棚内部的高度 1.8 ~ 2 米，这种结构的大棚保温、保湿效果好，冬暖夏凉，结构简单，建造省工、省材，适合农村及贫困地区使用，大棚可大可小，外形呈斜坡或弓形均可。其结构示意见图 130。

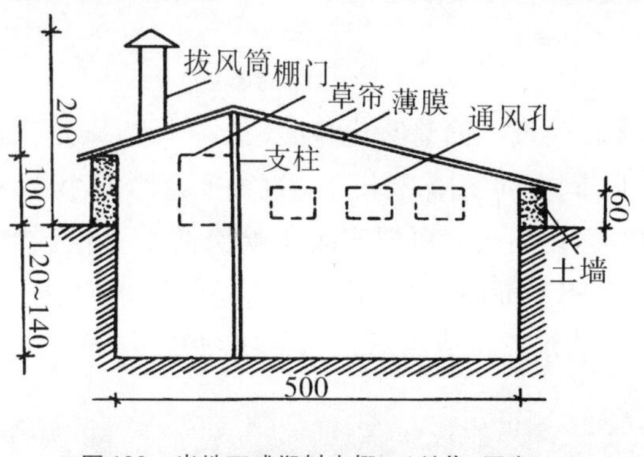

图 130　半地下式塑料大棚　（单位：厘米）

建造栽培设施时，更应该根据自身的地理位置和环境条件，适当地放大或缩小设施的占地面积，以便更好地利用土地资源，建造适宜的菇房设施。

（三）微喷设备

随着食用菌事业的快速发展，配套的设施设备也如雨后春笋般被快速研发，上市。微喷设备在黑木耳生产上的快速应用推广，解放了大量的劳动力。微喷设备还能使得黑木耳喷水更加均匀，有效地降低了病害的发生概率。目前，生产上用得比较多的有以下三种：

1. 微喷带　微喷带是近几年才研发出来的新产品，价格低廉，简单好用。它是在一根直径4厘米的软质PE管上规律地打上几排微孔，借助机械的压力使水从空中冒出，形成水雾。少有明水直接洒在黑木耳子实体上。段木耳场与袋栽耳场的微喷系统见图131。

1. 段木耳场

2. 袋栽耳场

图131　微喷系统

2. 简易雾化喷灌　简易雾化喷灌（见图132）则是在直径4厘米的硬质普通塑料管上，同方向每隔2米打一直径2毫米的小孔，透进管内。在空洞上安装简易的雾化喷头。再把安装了喷头的水管根据菇棚的长短，纵向固定于菇棚内，距离地面高2米的棚架上，每隔2米架设一根。这种雾化设施能将80%以上的水雾化成为雾状，效果较好。

图132　简易雾化喷灌

3. 雾化喷灌　雾化喷灌塑料管的安装方法与简易雾化喷灌一样，但使用的是直径1.5厘米的硬质PE塑料管。这些细管安装完成之后，再与上游的直径4厘米的管子相连。直径4厘米的管子上游则是通过滤网与自来水或水泵连接。这种雾化设施能将95%以上的水雾化成为雾状，效果最好。雾化喷灌系统、雾化喷灌喷头与滤网见图133、图134、图135。

图133　雾化喷灌系统

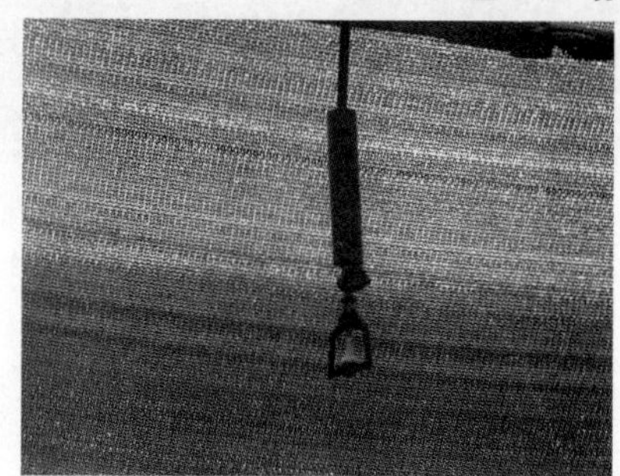

图134　雾化喷灌喷头

图135　雾化喷灌滤网

近几年，食用菌喷水设施研发的步伐明显加快，新技术、新设备不断出现。不管购买什么样的设备，都要根据自己的水源条件、供水设备进行选择，不要盲目地追求新颖。

（四）灭菌设备

两位能手介绍的几种常压蒸汽灭菌灶，是用砖、石、水泥自行砌制而成，利用烧沸锅炉或废油桶内的水产生蒸汽进行灭菌，温度一般维持在90～100℃。灭菌所需时间较长，构造简单、造价低廉，适宜农村自然季节袋栽黑木耳灭菌使用。大小和式样可根据自身的条件和生产量自行设计。但对于工厂化生产则不太适宜，因为常压灭菌存在升温慢、灭菌时间长、耗能大、烧火人员稍有不慎就会出现培养料变酸或灭菌不彻底的现象。

目前，工厂化生产的企业多采用高压蒸汽灭菌，虽然高压蒸汽灭菌锅投资较大，但封闭性好、耗能低、灭菌时间短、效果稳定。常见的大型高压蒸汽灭菌锅有圆形和方形两种。这些设备都装有压力表、温度表、放气阀和安全阀，均由专业医疗器械或压力容器设备厂生产，圆筒形(图136)和四方形大型高压蒸汽灭菌锅(图137)。

图136　圆筒形高压蒸汽菌锅

图137　四方形高压蒸汽灭菌锅

工厂化生产的企业也有采用常压灭菌的，但灭菌锅的性能较稳定、灭菌效果较好。操作很方便，省工省力。工厂化常压灭菌设备(图138)。

图138　工厂化常压灭菌

三、关于黑木耳的栽培季节问题

不同地域，不同的季节，环境条件千差万别，黑木耳作为一个有生命的物体，对环境条件有着特殊的要求。选择环境条件适宜其生长发育的季节进行生产，是获得生产利润最大化的前提。

黑木耳的栽培季节大多选择在春季或秋季。由于我国各地气候情况相差较大,应根据当地的气候特点、使用黑木耳品种的特性以及不同的栽培模式确定具体栽培时间。只有灵活运用不同的黑木耳品种生长发育规律,才能获得较高的效益。

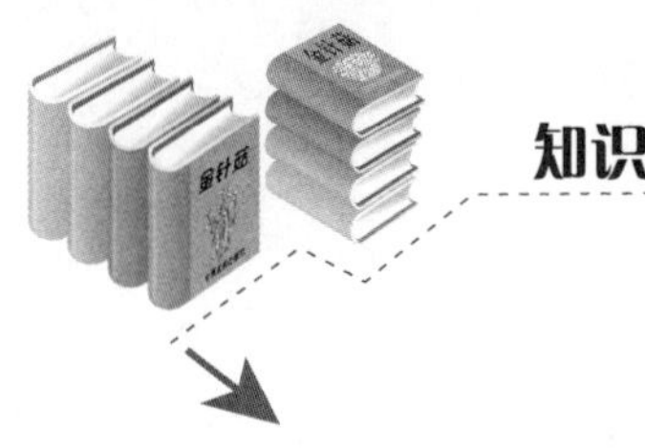

知识链接

(一)段木黑木耳的栽培季节选择

段木栽培黑木耳点种时间应选在当地气温稳定在5℃以上,即可开始点种。赶早不赶晚,尽量提早点种以减少杂菌的危害。一般华南地区在2月中旬至3月底,华北地区可以推迟到4月中旬。同时耳木自砍树起经40~50天的适当风干,达到内湿外干的要求后再点种,利于黑木耳菌丝成活,快速生长。这就又引出了一项砍树准备木料的季节。

耳木砍伐以1月中旬至2月下旬(或三九天至五九天)较为适宜,树砍倒后半月左右进行剃枝截段。堆码成“井”字形架晒,风干30天左右即可。

架晒的标准为:两头的木质变黄,有明显的放射状细裂纹,见图139,此时,耳木含水量较为适宜。点种时,对于砍树较早的耳木,横截面裂纹超过5毫米,耳木含水量过低时,见图140。应提前1~2天淋足水,晾干表皮水分,再进行接种;对于砍树较晚,耳木过湿时,可以在耳木上先钻孔,覆盖防雨设施促进水分散失后,再进行接种。

图139 耳木含水量适宜

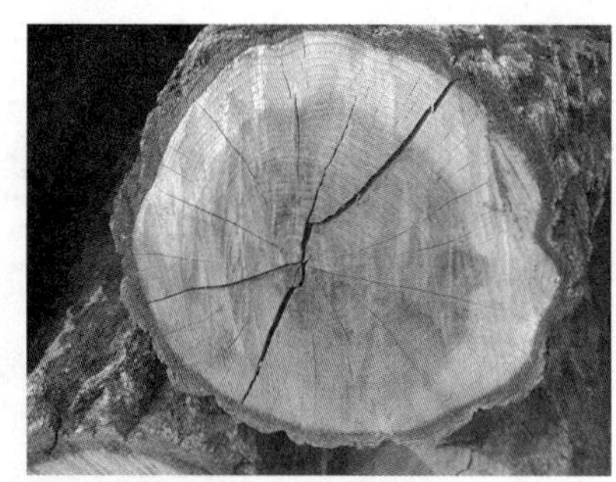

图140 耳木含水量过低

(二)地栽黑木耳的栽培季节选择

黑木耳地栽多选在春季和秋季进行。华东地区应以春季栽培为主,可于12月至翌年1月接种制袋,3月中旬至5月上旬排场出耳,5月底之前栽培结束。秋季栽培则可以在8月接种,这个季节一定要防止污染杂菌。9月下旬开始出耳,11月栽培结束。

东北地区春季栽培可以稍推迟一些，一般 2 ~3 月接种，4 ~7 月出耳。秋季栽培一般 3 ~5 月接种，7 ~10 月出耳。栽培袋制作时间要比出耳时间相应提前 40 ~60 天。

（三）吊袋黑木耳的栽培季节选择

这种模式均为设施栽培，全国各地都可使用。一般海拔在 800 米以上的地区，春季栽培可于 2 ~3 月接种制袋，3 ~6 月排场出耳，7 月底之前栽培结束。秋季栽培宜于 8 月下旬至 9 月上旬制作菌袋，10 月上中旬开始出耳，翌年 4 月底采收结束；海拔在 500 ~800 米的地区，春季栽培可于 1 ~2 月接种制袋，3 ~5 月排场出耳，5 月底之前栽培结束。秋季栽培宜于 9 月上旬至 10 月上旬制作菌袋，10 月中旬至 11 月上旬开始出耳，翌年 3 月底采收结束；海拔在 300 ~500 米地区，适宜黑木耳菌丝体和子实体生长时间相对较短，尤其是春栽黑木耳子实体生长期太短，茬数少，单产低，且子实体生长后期常遇高温，易流耳，易烂袋，单产大幅降低，不宜春栽。秋季栽培宜于 9 月中旬至 10 月上旬制作菌袋，10 月中旬至 11 月上旬开始出耳，翌年 3 月底采收结束。

栽培季节一方面是要根据当地的气温等环境因子进行安排；另一方面，还要考虑尽可能与当地农忙时节用人高峰错开。

专家点评

四、黑木耳优良品种的选育问题

本节主要介绍黑木耳驯化育种、杂交育种、诱变育种等优良品种的选育方法，望为选育出优良品种奠定基础。

黑木耳的育种，首先是从自然界把野生的黑木耳菌株，驯化培育成能够进行人工栽培的品种。通过与其他栽培菌株对比，掌握各自的优势和缺点，再通过杂交、诱变、细胞融合等育种手段，取长补短，选育出适合鲜销、罐藏等不同要求的优良品种，进行大面积应用推广。

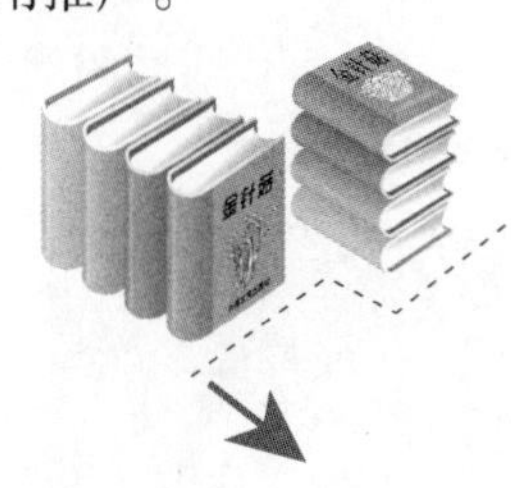

知识链接

（一）驯化育种

驯化育种也称人工选择育种，是以黑木耳在自然界的变异为基础，选育出高产优质菌株的方法。这种方法不能改变个体的基因型，只是利用自然条件下发生的有益变异，选出符合生产需要的新品种。我国的黑木耳资源丰富，从寒冷的东北地区到浙江均有分布，品种较多。要获得优良的栽培品种，首先要收集不同地区、不同树种、不同季节采集到的野生黑木耳菌株，再把这些菌株经组织分离和孢子分离得到纯菌种。

1. 种耳的选择　由于黑木耳成熟后孢子弹射量较大，在自然界生长的野生黑木耳孢子弹射后会随风飘浮，传播能力很强，飘浮的孢子遇到适宜生长的环境条件，就会萌发成菌丝体，继而形成子实体完成其生活史。因此，采集到的野生黑木耳子实体，可能因腐生的树种、环境、季节等条件不同，看上去色泽、形状、大小等都会有所差异，但有可能还是同一菌株。野生黑木耳的形态见图141。

图141　野生黑木耳

2. 定向选育　在育种过程中，为避免人力、物力的浪费，提高工作效率。首先要对收集到的野生黑木耳菌株的纯菌种进行拮抗试验，见图142。淘汰那些编号不同，但基因型相同的菌株。然后将剩余不同菌株的纯菌种放在同一种培养基上进行栽培试验，在相同条件下进行菌丝培养，并详细记录菌丝的萌发、吃料、长速、长势、色泽、疏密等数据。菌丝发好后进行出耳管理,以现耳快慢、耳芽多少、色泽深浅(图 143)、耳片大小(图 144)、形态特征(图 145)、有无绒毛、产量高低、生育期长短和抗病力强弱为选种目标,采用优胜劣汰的方法,筛选出符合要求的菌株,经扩大试验后,选出 1 ~2 个有代表性的优良菌株,在试验基地进行示范性生产,对表现优良的菌种再逐步推广。

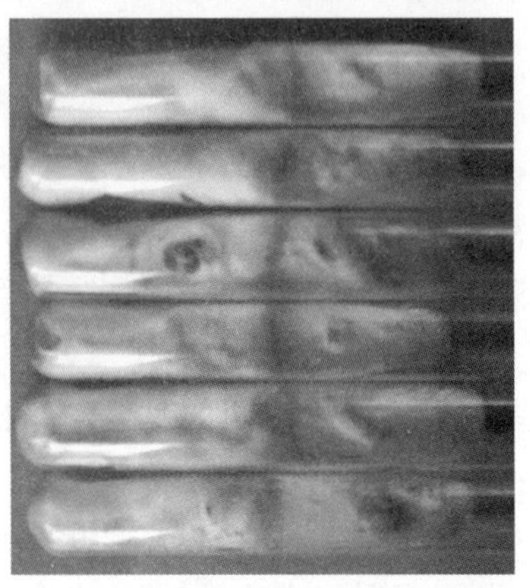

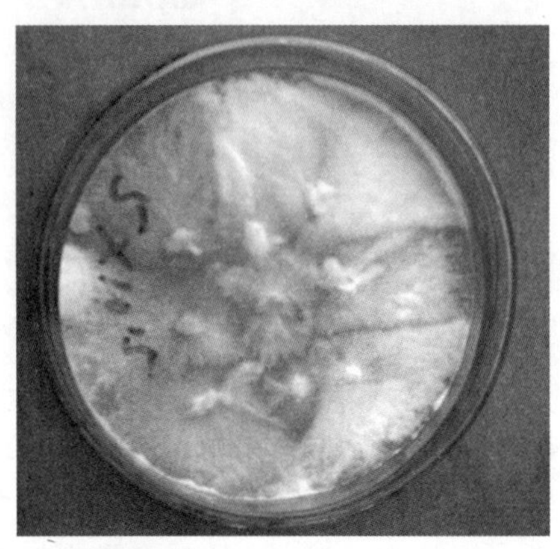

图 142　菌丝体拮抗试验

1. 深色菌株

2. 浅色菌株

图 143　色泽不同的菌株

1. 大片型菌株

2. 小片型菌株

图 144　耳片大小不同的菌株

对筛选出来的野生黑木耳菌株再经不断的人工选择,保持原菌株的优良性状,改变部分不良性状,就可以逐渐变成人工栽培品种了。

1. 单片状菌株

2. 菊花状菌株

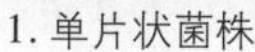
图 145　形态不同的菌株

（二）杂交育种

杂交育种是一种遗传物质在细胞水平上的重组，也是改良黑木耳品种的一种有效方法。常规的杂交育种是食用菌育种中应用最广泛、效果最显著的育种方法。黑木耳属于异宗结合的菌类，可利用不同性别的单核菌丝进行杂交，其杂交方法有多孢杂交和单孢杂交两种。

1. 单孢杂交　黑木耳与大多数异宗结合食用菌不同的是，其菌丝容易产生无性的粉孢子，干扰有性杂交。因而在进行不同性别的单核菌丝杂交时，必须注意排出无性粉孢子的干扰，以获得真正的单孢杂交菌株，这点在黑木耳杂交育种中很重要。杂交育种的基本程序是：

（1）选择亲本　从大量野生或栽培菌株中选出杂交甲、乙亲本。在无菌条件下对种耳子实体消毒后，收集孢子。

（2）单孢分离　从不同亲本子实体中分离出一定量的甲、乙单个担孢子（单核菌丝）。

1）玻片稀释分离法　将种耳在无菌条件下收集到的孢子制成悬浮液，再加入适量无菌水，稀释到每小滴悬浮液大致只含有一个孢子。将悬浮液滴在载玻片上，在显微镜下检查。然后将确认只含有一个孢子的悬浮液移接到培养基上培养。

2）平板稀释分离法　取 5 支空试管，每支加入 9 毫升纯净水，塞好硅胶塞经高压灭菌后，将其编号为 1、2、3、4、5。在无菌条件下，用无菌吸管吸取 1 毫升孢子悬浮液，注入 1 号试管中，将试管充分摇匀；继而换新吸管，从 1 号试管中吸取 1 毫升稀释孢子悬浮液，注入 2 号试管中，以此类推，便可获得 5 个不同稀释浓度的孢子悬浮液，见图 146。选择每毫升含有 100 个黑木耳孢子的悬浮液为试验材料。从这个试管中吸取 0.1 毫升配好的悬浮液滴入直径 9 厘米的无菌培养皿内，然后每个培养皿倒入已冷却到45℃的琼脂培养基 15～20 毫升，在工作台上轻轻旋转均匀，静置使其凝固成平板，见图 147。将培养皿倒置于 24℃恒温箱内培养 7 天，待平板上长出单个菌落，在放大镜下检查，确系单孢者，移接到斜面培养基上，见图 148。

3）显微操作器分离法　这是机械手代替人手分离的方法。此操作方便，但价格昂贵。

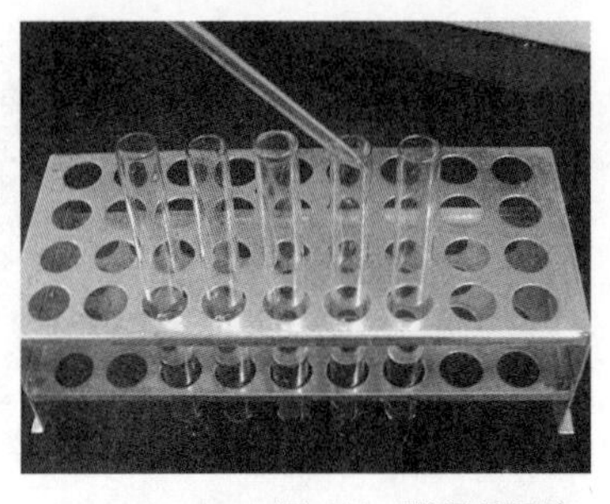
图 146　稀释悬浮液

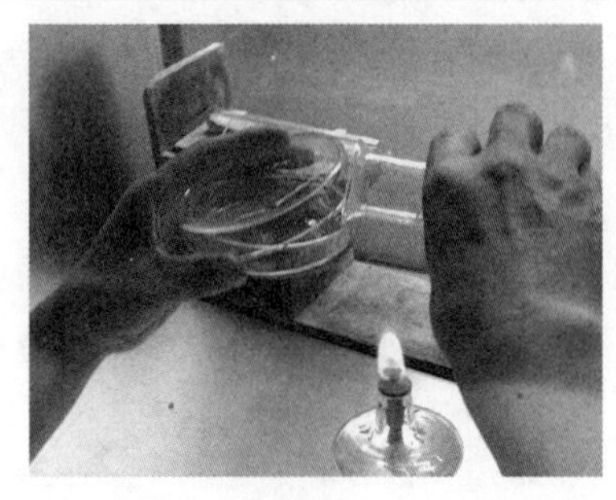
图 147　制平板

(3)杂交配对　因黑木耳单核菌丝时间很短，担孢子一旦萌发成单核菌丝，需立即让不同亲本的甲、乙单核菌丝以单×单方式尽快配对结合，形成双核菌丝。否则单核菌丝断裂成粉孢子后再进行杂交，就会发生有性和无性掺杂的现象。其杂交在直径2厘米的大试管内进行。在每支试管斜面培养基上，接入杂交亲本的单核菌丝各一块，二者的距离为2.5厘米，在24℃条件下培养，见图149。当两个单核菌丝体接触后，挑取接触后的菌丝用显微镜检验，如系双核菌丝，即可挑取一小块移接到新的斜面培养基上。

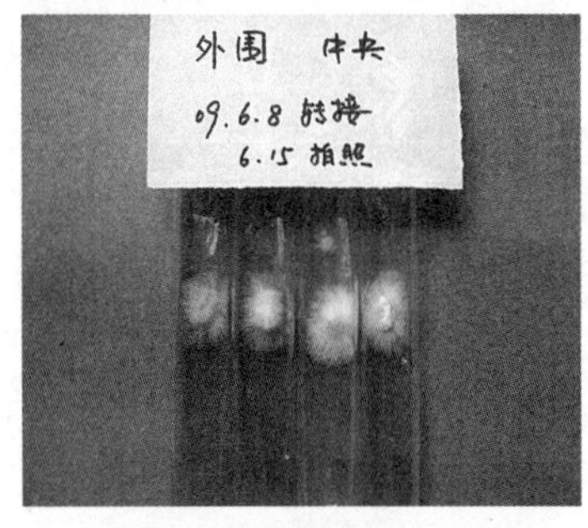

图 148　移接培养

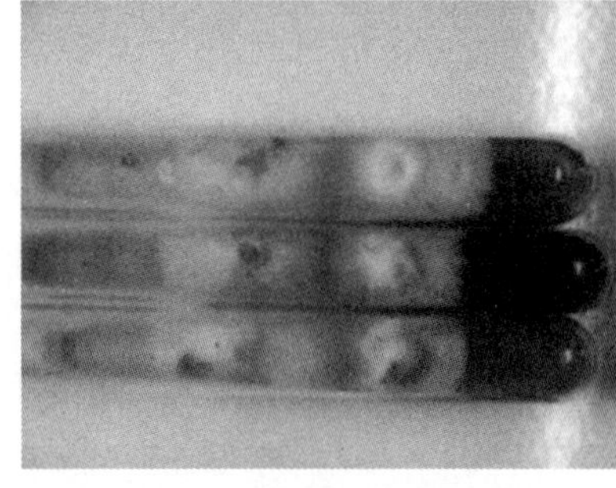
图 149　杂交配对

(4)转管繁殖　将可亲和的双核菌丝在试管内培养到3厘米左右，转接入新的PSA试管斜面培养基上，置于23℃左右环境中培养。

(5)镜检初筛　用显微镜检验，菌丝是否有锁状联合，有锁状联合的菌株保留备用，淘汰掉无锁状联合的菌株。

(6)二次复筛　把有锁状联合的双核菌丝接种在同一培养基平板上，根据是否形成拮抗线(图150)，把相似或相同的菌株分开类别，避免大量重复，挑选出各自不同并与亲本拮抗的菌株。

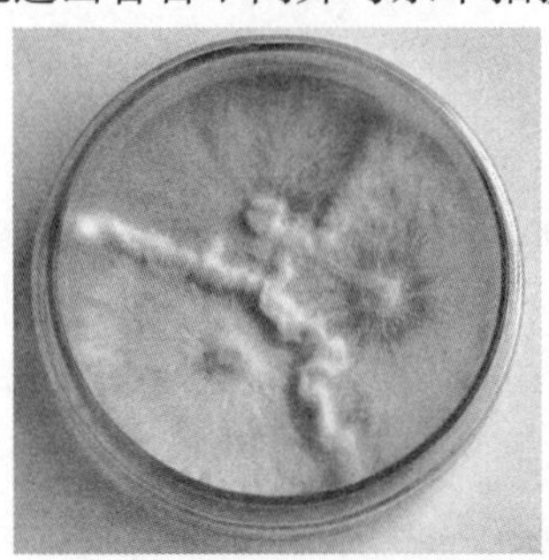

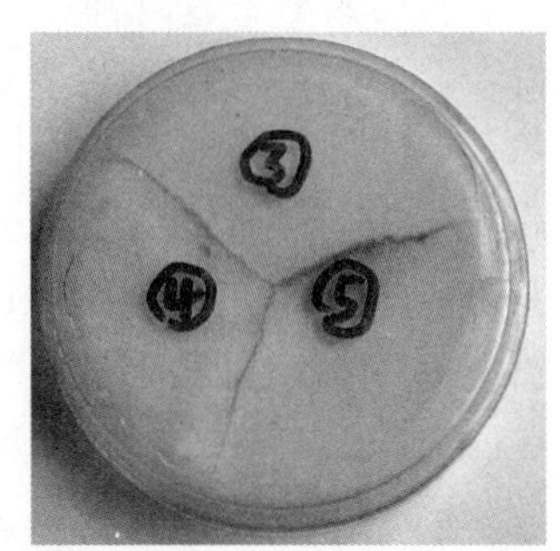

图 150　不同菌株之间的拮抗线

(7)菌株栽培　把挑选出的菌株进行栽培试验，测定菌株的性状，即第一次栽培筛选。经筛选后的菌株称为 F_1 代杂交菌株。根据实验结果，把产量高、色泽好、菌柄长、耳片适中、背部绒毛少的优良菌株筛选出来，进行组织分离，获得 F_2 代杂交菌株。

(8)F_2 代菌株筛选　继续对 F_2 代菌株进行栽培试验，选出优良菌株，即第二次栽培筛选。

(9)稳定性考察　经第二次栽培筛选出来的杂交菌株，还需经较大面积的中间试验，其中包括对不同区域、不同海拔、不同温度、不同气候、不同培养基质等条件的栽培试验，从而选出适应范围广、产量高、质量好、抗病力强的黑木耳优良杂交菌株。

利用黑木耳品种间的单孢杂交，即可获得杂交异核体菌株。该异核体菌株相当于微生物杂交获得的异核体。根据对黑木耳的子实体进行组织分离，可以保持其遗传特性，对杂交子一代的黑木耳子实体组织进行分离，可以获得种性稳定的杂交菌株。

行家告诫

一般来说，黑木耳双核菌丝的生长速度，比合成它们的单核菌丝快。但从一个子实体分离到的许多单核菌丝之间，生长速度有显著的差异，菌丝的形态特征及其粉孢子产生的迟早、多少等也存在着明显的差异。单核菌丝杂交后，所得到双核菌丝的各种特征，如菌丝的生长速度、爬壁能力、子实体形成能力、原基和子实体的数量及第一茬原基出现所需时间，第一茬耳和第二茬耳间隔的时间方面都有显著的不同。

通过许多单核菌丝的杂交，可以得到在生理特征和形态特征等方面和亲本双核菌丝不同的菌株。从这些双核菌丝中，可以育出适合大面积栽培的黑木耳新菌株。

2. 多孢杂交　由于黑木耳菌丝容易产生无性的粉孢子而干扰杂交工作，因而黑木耳的单孢杂交要比其他四级性异宗结合的菇类复杂，有性和无性的掺杂增加了单孢杂交的难度，因而进行黑木耳杂交育种时，应多采用多孢杂交的育种方法。在人工控制条件下，选用两个特定的、具有不同遗传特征的亲本多孢子，在同一时期内快速杂交，之后及时挑取杂交菌丝，可尽量排除其粉孢子干扰。多孢杂交育种的基本程序是：

(1) 菌株选择　根据黑木耳杂交优良菌株的标准，要求选择的两个亲本菌株必须具有优良菌株的某些特征。如选择亲本甲菌株具有抗逆性强、色泽黑、开片好的特征；选择乙菌株时，必须注意选择出耳快、产量高、抗病力强的特征，以便使甲、乙菌株通过杂交具有互补性。两亲本菌株亲缘性关系越远，获得优良杂交菌株的机会就越多。

(2) 孢子杂交　采用担孢子弹射法，同时将两亲本子实体菌褶弹射下来的担孢子进行自由杂交。该法类似于自然界中单孢杂交，只是两个亲本菌株是经过选择的特定菌株。

1) 耳片贴附法　把甲、乙两个亲本即将弹射孢子的种耳采下，严格按照无菌操作规程，用接种针各切取 1 厘米左右长的耳片，贴在斜面培养基上方的试管壁上，见图 151，耳片贴牢后，置于恒温箱内，稍微倾斜，使弹射出来的孢子能均匀地散落到培养基斜面上。当培养基表面出现雾状物后，在无菌条件下，用接种针将贴在管壁上的耳片轻轻取出，以减少杂菌感染的机会。

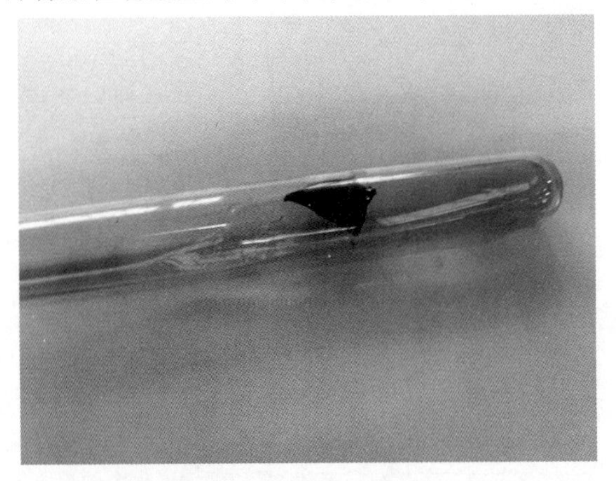

图 151　耳片贴附法

2) 孢子稀释法　在无菌条件下，用无菌吸管吸取两个亲本的孢子稀释液，滴在同一平面培养皿中均匀涂布，之后在适温下培养，让两个亲本孢子进行杂交。

(3) 及时镜检　杂交菌株一般比两亲本的单核菌丝长势快，因而发现肉眼可见长势较快、强壮的菌落，要及时挑取转接至新的试管斜面培养基上进行培养，包括由于拮抗作用而被明显分割成各小区的菌落。通过显微镜检验,留下有锁状联合的菌株,并进行编号,去除无锁状联合的菌株。

(4)出耳试验　把挑选出来的菌株进行出耳试验,测定其菌丝长势、生长速度、出耳快慢、出耳量多少、形态特征及抗杂能力等指标,从中选择优良的菌株,进行子实体组织分离,得到第一批双核菌丝。

3. 杂交菌株鉴定　黑木耳经过杂交育成的菌株,还要再通过一系列的鉴定后,才能确定是否杂交成功。

(1)形态鉴定　杂交成功的新菌株,其形态应具有两个亲本的优点,但形态只是初步的鉴定,因为它受环境等各方面因子的限制,仅用此法鉴定杂交菌株,存在一定的局限性。

(2)拮抗反应　又称对峙反应、抑制反应。把选育出来的黑木耳杂交菌株与两亲本菌株同时接种在琼脂培养基上,其接触的部位具有明显的隆起或凹陷的拮抗线,证明此菌株不是原来的两个亲本菌株。其接触的部位如果不出现拮抗线,则说明是为同一菌株,应予以淘汰。

(3)同工酶谱测定　将选育出来的黑木耳杂交新菌株与两个亲本菌株进行漆酶(LC)、酯酶(EST)、酸性磷酸化酶(ACP)等同工酶谱测定。要求选育出来的菌株既具有双亲的部分酶带,又具有不同于双亲的新酶带,从而证明是一个不同于亲本的杂交菌株。

(4)稳定性鉴定　黑木耳优良杂交菌株的稳定性要经 3 次以上试验室栽培和较大面积的中间试验,确定其生物学特性表现优良,而且极其稳定的菌株,方能定为优良的杂交新菌株。

(三)诱变育种

诱变育种是通过诱变剂的处理而发生的突变,诱发突变可明显提高突变频率,常比自然引起的突变提高 10 ~ 100 000 倍。常用的诱变剂有 X 射线、γ 射线、紫外线、^{60}钴、激光等物理诱变剂及硫酸二乙酯、甲基磺酸乙酸、N－甲基－N－硝基－N－亚硝基胍、氮芥及 5－溴尿嘧啶等化学诱变剂。诱使黑木耳野生菌株和人工栽培菌株发生变异,筛选出生育期短、产量高、品质好的优良黑木耳新菌株。诱发突变所用的育种材料最好是单核细胞,诱变育种是微生物育种常用的一种方法。

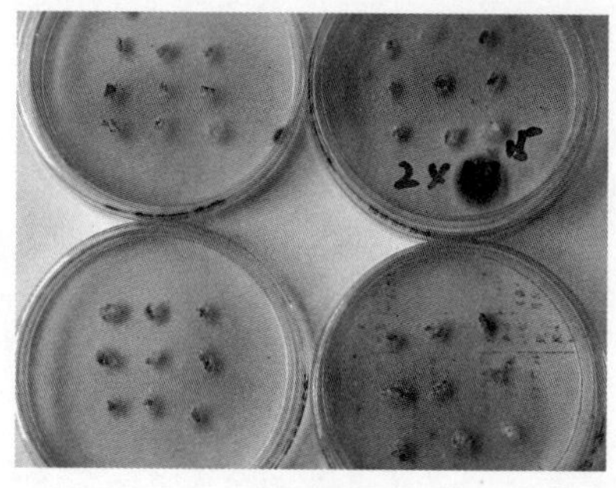

1. 接种

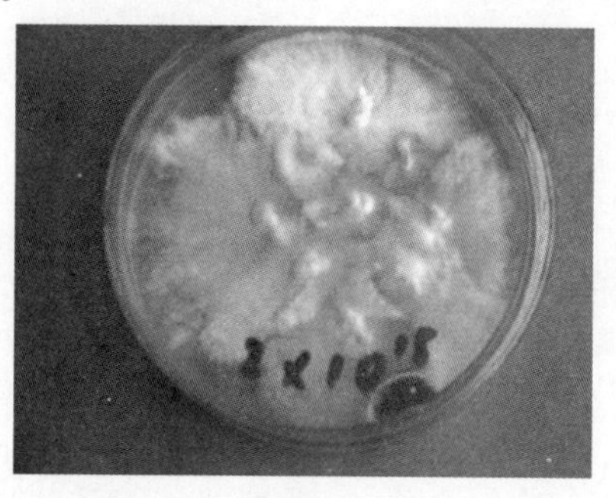

2. 培养

图 152　诱变育种的拮抗试验

国内外的食用菌科技工作者不但采用诱变方法进行黑木耳育种，还进行了黑木耳的细胞质融合育种和太空育种的新技术探索诱变育种拮抗试验接种与培养见图152。

黑木耳在定向育种时，可采取上述人工诱发突变的措施。而黑木耳在自然界或人工栽培过程中，有时也会出现自发突变现象。所谓自发突变就是黑木耳菌株在未经人为诱变剂处理或杂交等生物工程手段而自然发生的突变。引起其突变的原因大致有三个方面：一是在黑木耳生长的环境中，存在着一些低剂量的物理、化学诱变因素，如宇宙间的雷电、紫外线、短波辐射及高温、病毒等。二是在生长过程中，由于DNA多聚化作用，使复制中碱基配对错误或修复过程中发生错误而造成突变。三是黑木耳自身在其生长发育过程中，产生一些具有诱变作用的物质，如过氧化氢、硫氢化合物、咖啡因、二硫化二丙烯等。黑木耳体内常会产生这些物质并分泌到培养基中，使其在培养过程中受到诱变作用而产生突变。在黑木耳大面积生产实践中，特别是在比较恶劣的环境下，我们偶尔会发现长势、色泽、耳形等异常的个体，这就有可能是自发突变的菌株。在生产实践中，只要勤于观察、多加注意，也有可能筛选到抗逆性强、产量高、品质优的黑木耳菌株。

“处处留心皆学问。”自然界到处都有优良的变异菌株，日常生产中能够多留意，就会发现它。如果它具有遗传物质的特异性，那就可能是新品种了。

五、关于黑木耳的纯种分离技术与菌种的提纯复壮问题

组织分离技术是食用菌生产上最常用的菌种提纯复壮的方法。能掌握和运用黑木耳的菌种提纯变化技术，是生产者降低生产投资，获取较高收益的窍门。

黑木耳菌种在使用过程中,会不断地感染各种病菌,使其优良性状逐步退化。这就要采用某些技术手段,将原有黑木耳纯菌种从众多的微生物中分离、纯化,恢复其优良性状。这就是菌种的纯化与复壮。

纯种分离技术就是菌种提纯复壮常用的主要技术之一,大体可分为组织分离法、孢子分离法和基内菌丝分离法。黑木耳生产中常用的纯种分离法为基内菌丝分离法和孢子分离法。这两种方法种耳能手们已经讲得很好了,这里主要讲一下黑木耳组织分离法。

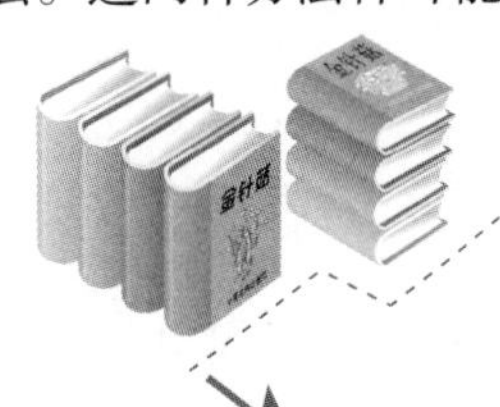

知识链接

(一)组织分离法原理

组织分离法是指从子实体组织内部分离纯菌丝的方法。一般子实体内部被认为是没有杂菌存在的。

组织分离法操作简便,菌丝萌发快,遗传性状稳定,后代不易发生变异,能很好保持种耳原有特性,是食用菌生产上主要采用的纯种分离方法。但这种方法在黑木耳生产中使用起来难度相对较大。

黑木耳的子实体实际上就是菌丝体的扭结物,具有很强的再生能力,切取子实体适当部位的一小块组织,移植在适宜的培养基上都能重新恢复到菌丝生长阶段,从而获得菌丝体。黑木耳和其他菌类不太一样,黑木耳子实体耳片太薄,切取组织块比较困难。要求操作者必须准确把握,精准操作,方可获得成功。

(二)组织分离技术

1. 培养基　黑木耳组织分离所用培养基可采用 PPA 培养基或 PDA 综合培养基进行培养。

2. 种耳的选择　对野生子实体,选择外形完整,无病虫害,耳片肥厚,较为干燥的个体;对人工栽培的子实体,选择头茬耳,外形好,大小适中,菌肉肥厚,四五分成熟的生长健壮无病虫害的优良个体作种耳。

采种耳前 1 天停止喷水,使种耳稍微干燥,刚淋雨吸水的子实体,不宜进行组织分离;如果子实体感染了病毒,则用组织分离得到的菌种容易退化;子实体如果太老太大,其再生能力减弱,组织分离的成活率也会降低。

3. 种耳表面的无菌处理　切除耳体基部,放入经灭菌的接种箱内或超净工作台上,先将种耳用无菌水冲洗几次,再用无菌滤纸吸干,亦可在无菌水冲洗后用 75% 的酒精揩擦消毒,见图 153,或者将种耳在 0.1% 升汞溶液中浸几分,再用无菌水冲洗干净并用滤纸揩干,还可将种耳放在酒精灯上适当灼烧消毒。

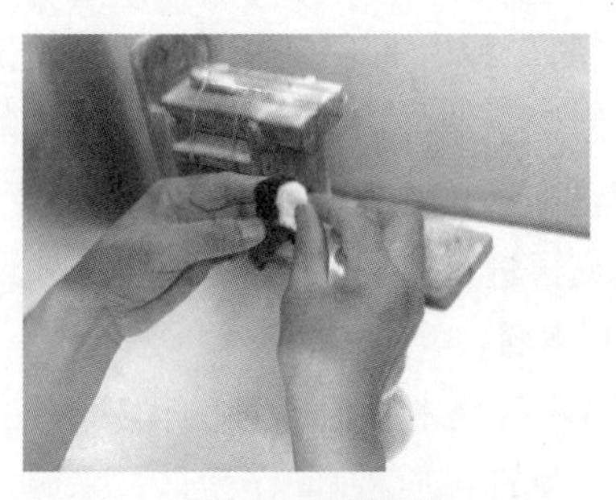

图 153　揩擦耳片

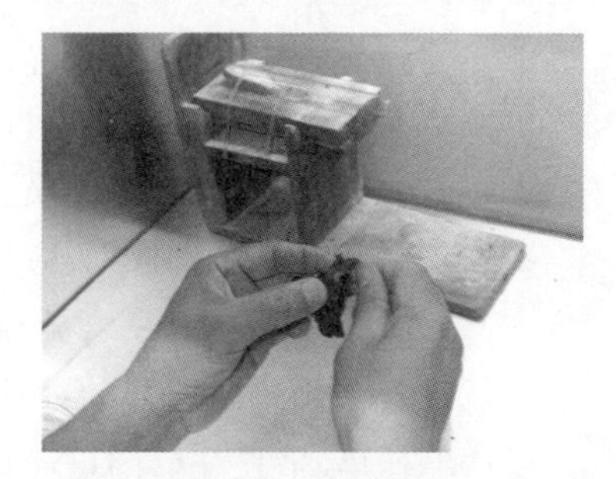

图 154　撕开耳片

4. 切块接种　进行分离工作的人员用酒精棉球对手消毒后，用无菌刀自靠子实体基部切开少许，然后用手将耳体纵向撕开，见图 154。用撕开的方法获得的耳体剖面不接触任何东西，因而纯正无菌。在剖面菌肉最厚处或者按无菌要求选取合适部位纵横各划几刀，见图 155，然后，用接种针挑取约 3 毫米见方的小块组织，将表皮朝上菌肉朝下贴敷于培养基上，见图 156。耳体撕开后，也可直接用消过毒的小镊子撕取菌肉组织，进行接种。为减少带杂菌的机会，整个过程要严格按照无菌操作规程进行，而且速度要尽量地快，切取的组织块应大小适中。组织块过小，容易被过热的接种针或酒精灯火焰烫死。接种针在火焰上灼烧灭菌后，必须先冷却，再挑取接种块接种。同时，接种针在挑取菌种块后，应快速通过或不经过酒精灯火焰把菌块接种在培养基上。

图 155　耳片切块

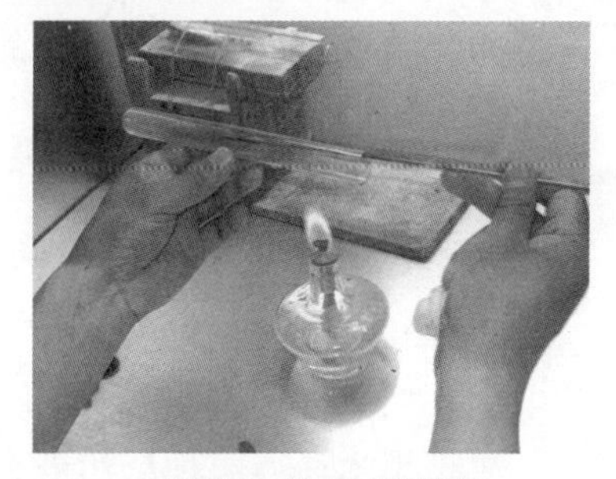

图 156　接入试管斜面

5. 培养纯化　在 24 ~ 28℃下培养，2 ~ 4 天即可看到组织块上出现白色绒毛状菌丝，此时应及时检查筛选，剔除杂菌。同时选择生长健壮、优良的菌丝体，用接种针切割成若干小块，再移植到新的培养基上，见图 157。通过提纯培养，观察对比，选优除劣，再进行扩大繁殖，即成为母种。

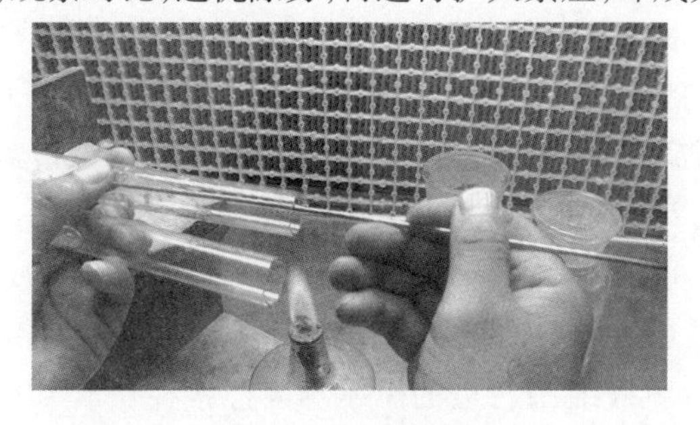

图 157　试管转接

6. 出耳试验　从组织分离得到的母种中抽取有代表性的一支试管进行扩大培养。再扩接培养成原种和栽培种，做出耳试验。观察记载菌丝体和子实体的长势长相，产量品质。菌丝体生长健壮，抗性好，子实体产量高、品质好，可作良种使用；否则，应淘汰或再进行驯化培养。

（三）黑木耳纯种分离时的注意事项

1. 种耳选择　选择的种耳必须具备黑木耳原品种的优良特性和特征，要从出耳早、生长旺盛的培养材料上挑选优质种耳，作为母种来源。

2. 消毒处理　酒精的渗透力强，种耳的表面消毒时间不宜过长，一般揩拭一遍即可，以免酒精渗入内部杀死黑木耳组织菌丝，从而影响分离的成功。

3. 无菌操作　纯种的分离均需在接种室内或接种箱内的无菌环境下进行，接种用具及器皿要严格消毒和灭菌，整个过程要严格按照无菌操作规程进行。

4. 湿度控制　培养基斜面（或平面）严禁有游离水存在，试管（或培养皿）内壁亦不应有凝聚的水珠，如发现有水珠，应置于干燥的培养室或恒温箱内（相对湿度60%以下），待游离水蒸发后再用，以免培养基表面和空间湿度过大，致使分离失败。

5. 分离多接种　为便于选优和防止杂菌污染，分离时一定要多接一些试管或平板，为未来从中选择优良菌株打下基础。

6. 菌丝挑取部位　在取组织分离长出的菌丝时，要从菌丝体生长尖端部位挑取。

7. 菌种污染处理　培养时要努力创造菌种萌发和生长的最适条件，并严密监视杂菌污染情况，一旦发现即应淘汰。如污染率很高，搞清污染原因后再重新进行组织分离。若无法重新分离，可进行提纯操作，以求补救。

（四）黑木耳菌种的提纯

把黑木耳纯菌种从污染有杂菌的菌种中分离提取出来的方法称为黑木耳菌种的提纯。提纯时，需要根据污染杂菌的类型和污染程度的不同，采用不同的方法。

1. 斜面受到细菌污染

方法1　在25℃以下，黑木耳菌丝的生长速度比细菌快，当菌丝越过细菌菌落后，及时切割菌丝前端，连续转管，可得到纯化菌种。

方法2　将熔化的琼脂培养基冷却到40℃，加盖在已污染细菌的斜面菌种上，形成2毫米厚的覆盖层。当黑木耳菌丝长透覆盖层时，挑取覆盖层上面的菌丝转管即可，如能加盖两次则效果更好。

方法3　将直径7～10毫米，高4～6毫米的玻璃环或金属环，在火焰上灼烧后，趁热放到斜面培养基中央，培养基受热熔化，使小环陷入培养基约1/3。然后将被细菌污染的黑木耳菌种接种块放到小环内，细菌的生长会受到玻璃环或金属环的限制，而黑木耳菌丝能通过小环底部或越过小环的上部长到环外，再及时挑取黑木耳菌丝体转管进行提纯。

方法4　在直径15厘米的培养皿内放一直径9厘米小培养皿，经干热灭菌后，将培养基倒入，使小培养皿内外均有培养基，但培养基表面低于小培养皿的边缘，然后将接种块或分离物放到小培养皿内培养，当黑木耳菌丝越过小培养皿的边缘，长到外部培养基上时，及时转接提纯。

方法5　在平板培养基上用手术刀做"V"形切割，用接种针挑去"V"形小块（或用直径在5毫米以下的玻璃管在平板上打孔），将已污染的菌种接种于空穴中，再倒入一薄层培养基，覆盖接种穴。当黑木耳菌丝长透覆盖层时，挑取覆盖层上面的菌丝转管即可得到纯正的黑木耳菌丝体。

2. 斜面受到真菌污染

方法1　斜面上出现霉菌菌落时，用一块比菌落稍大的滤纸，滴上10%水杨酸钠酒精溶液或0.2%升汞溶液，及时盖在霉菌菌落上，便可抑制霉菌生长。

方法2　将已经污染霉菌的试管打破，取出培养基，放在0.1%升汞溶液内处理2分，再用无菌水淋洗，并用无菌滤纸吸干，然后切去表面气生菌丝，放在加有玻璃珠的瓶内，将其充分打碎，稀释成不同浓度，制成平板，选取菌丝碎片形成的单个菌落，分别转管培养，可从单个菌落中得到纯菌种。

方法3　若试管棉塞受潮污染霉菌，霉菌孢子散落在试管内气生菌丝的表面，可用酒精棉球反复在斜面上擦拭，再取出培养基，经升汞灭菌后，切取基内菌丝转管培养。

（五）黑木耳菌种的脱毒技术

黑木耳菌种的脱毒技术也属于菌种提纯复壮的范畴，是近些年才发展起来的一项新技术。黑木耳菌种在长期的保存、转管、再保存、再转管的频繁转扩过程中，不可避免地染上了病毒，从而使菌种发生了退化或者变异。产量降低、品质下降。黑木耳菌种脱毒，是采取一系列的高低温锻炼、营养贫乏等技术手段，迫使菌株适应恶劣的条件。在"优胜劣汰，适者生存"的竞争机制下能够适应且表现良好的都是能够提高抗性的好菌株。资料显示，脱毒菌种较普通菌种发病率下降60%以上，大大提高了生产者的生产效益。黑木耳脱毒技术有两种：

1. 菌丝尖端脱毒技术

（1）仪器选择　最好使用规格为90毫米或110毫米的培养皿，见图158；也可以使用规格为25毫米×200毫米的大型试管，见图159，但操作不太方便。

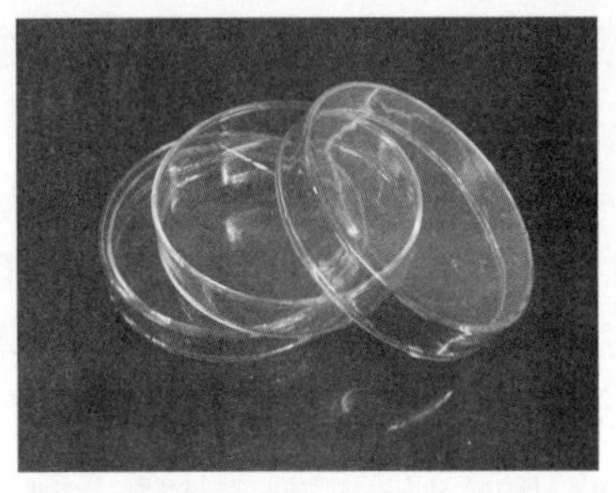

图 158　培养皿

图 159　试管

(2)操作流程

1)培养基制作　常规制备 PDA 培养基,装入三角瓶(图 160),每瓶装培养基 10 ~20 毫升,塞好棉塞,加牛皮纸封口;同时将培养皿洗净后用牛皮纸包好;按 PDA 培养基常规灭菌方法灭菌后,趁热取出,放入事先灭菌处理过的接种箱。

图 160　三角瓶

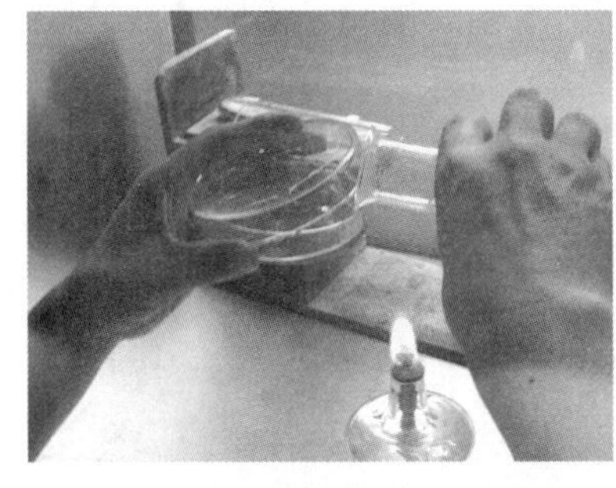

图 161　制平板

2)制作平板　打开牛皮纸包封,取出培养皿和三角瓶。一手持培养皿,一手持三角瓶,将培养皿上盖掀开 1 ~2 厘米后,迅速倒入冷却至 45℃的液态培养基 10 ~20 毫升,见图 161,随之盖严;将培养皿平置,液态培养基冷却凝固后成一光滑平面,俗称“平板”。

3)接种　无菌条件下将平板冷却 24 ~48 小时,待培养皿盖上和平板表面没有游离水时,严格按无菌操规过程操作,挑取一块 2 毫米大小待脱毒菌种,接入平板边缘,见图 162。接种后置于 26℃恒温箱中培养。

图 162　平板接种

4）脱毒　当接种块菌丝萌发，菌落直径长到 2 厘米时，用接种刀切取菌丝体尖端 1 毫米左右，接入新制平板上，见图 163。此为一次脱毒，代号为 TD1；一般可连续进行 3～4 次，即可获得 TD3 或 TD4，理论上讲，次数越多，相对脱毒效果也越有保证。

图 163　平板转接

2. 原基组织脱毒技术　该技术最大限度地避免了组织分离时子实体携带病毒的可能性，实现了分离尖端组织的脱毒目的。

（1）培养基制作　①常规配制培养料，调碳氮比为（25～30）∶1，用以防止黑木耳菌丝过度旺盛生长，结成菌皮，不易现原基。②使用大口罐头瓶（图 164）或口径 6 厘米以上的广口瓶，洗净、过 0.1% 高锰酸钾水，晾干备用。③依使用料瓶瓶径大小，准备数块 10～15 厘米见方的纯棉纱布（图 165）。④将拌好的培养料转入料瓶中，装实压平，至瓶口下 1 厘米时，见图 166，从瓶口处放入二层纱布覆盖在料面上，见图 167，用薄竹片将纱布边缘沿着瓶壁插至料面下 1.5 厘米，使之紧贴瓶壁，见图 168。⑤封口、灭菌等操作均按常规进行。

图 164　罐头瓶

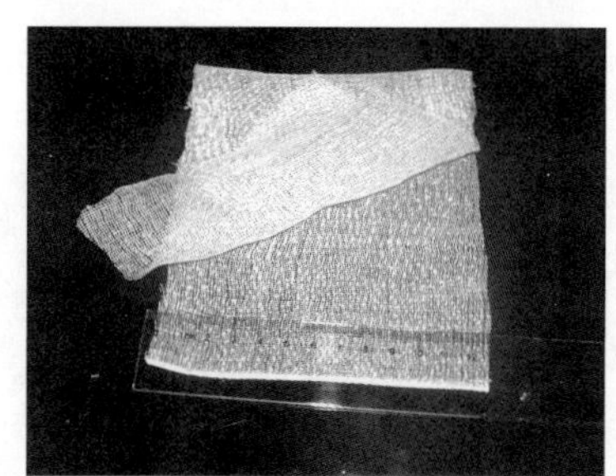

图 165　裁好的棉纱布

图 166　装瓶标准

图 167　纱布覆盖料面

图 168　纱布覆盖瓶壁

（2）黑木耳子实体原基的培养　无菌条件下，将待脱毒的黑木耳菌种接种到培养基上。菌丝发满瓶后，给以适当的温度、湿度、光照等刺激，促使其现出原基。由于料面覆盖一层纱布，原基将会形成在纱布上面。当黑木耳子实体原基长到 1 厘米大小，厚度 0.3 厘米以上时，即可进行脱毒操作。

（3）脱毒操作准备　用 75% 酒精将菌种瓶擦洗干净后，移入已灭菌处理过的接种箱。同时将接种刀、接种针等组织分离操作的常用工具一并放入接种箱内，然后，进行常规熏蒸 30 分后，即可进行菌种脱毒的操作了。

（4）脱毒操作流程　①用 75% 酒精擦洗双手后，伸入接种箱。②将接种刀过火灭菌后手持冷却。③打开菌种瓶封口，用无菌镊子取出原基。④用接种刀将原基表层轻轻削去 1 毫米左右，然后再用接种刀将原基切成大约 1 毫米^2。⑤用接种针将分离的原基块移入平板或大型试管进行常规培养。

在分离操作过程中，应注意：第一，用接种刀进行削、切时，每切一刀，都须将接种刀过火灭菌，或者更换新的无菌接种刀。第二，分离块接入时须靠边缘投放，如接在平板的边缘，或试管的最前部，一般不要接在中央。

六、栽培原料的选择与利用问题

本节就黑木耳栽培中原料选择的原则、主要原辅材料的类型及特点、栽培原料的科学组配与利用等内容作了系统介绍，读者可根据当地资源优势，就地取材。

前面两位种耳能手已对他们所用的原料作了讲解，这些原料可能只在某些地区适用。其实能够用来栽培黑木耳的原料除了木屑之外，凡是富含木质素、纤维素、半纤维素的农副产品下脚料及工业废料均可使用。

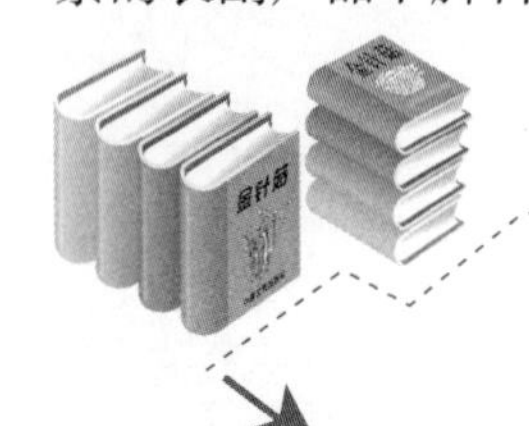

知识链接

（一）原料选择原则

栽培原料的选择应本着就地取材、资源丰富、择优利用的原则进行。另外，这些物质还必须具备以下特性：

1. 营养丰富　黑木耳是一种腐生型真菌，不能自己制造养分，所需营养几乎全部从培养料中获得。所以，培养料内所含的营养，应能够满足黑木耳整个生育期内对营养的需求。

2. 持水性好　黑木耳的子实体生长阶段所需水分主要从培养料中获得，培养料含水量的高低，持水性能的好坏，都直接影响黑木耳产量的高低。合理搭配培养料，在不影响菌丝正常生长情况下，适当加大培养料的含水量，是高产稳产的基础。

3. 疏松透气　黑木耳分解木质素、纤维素的能力弱，所选用的培养料要质地疏松、柔软、富有弹性，能储蓄较多的氧气并有一定的透气性。

4. 干燥洁净　要求所用原料无病虫侵害、无霉变、无刺激性气味、无杂质、无工业“三废”残留及农药残毒等有毒有害成分。

（二）主要原辅材料的类型及特点

1. 主要原料

（1）木屑　是用间伐的树木枝丫、树梢经粉碎加工成的颗粒状木材和木材加工厂的下脚料锯末的总称。栽培黑木耳宜选用柞、柳、榆、杨、槐、桑、桦、枫、枸、栎、悬铃木等阔叶树种的木屑。含有松脂、精油、醇等杀菌物质的松、柏、杉等针叶树种的木屑，虽然经水煮、蒸馏、碱处理、长期存放发酵等方法进行处理后可以使用，但费工、费时、工艺繁琐，栽培产量低、质量差、大规模应用于商业化生产有一定难度。

一般风干后的木屑含水量在10%~15%，粗蛋白质在1.5%左右，粗脂肪1.1%，粗纤维71.2%，碳水化合物25.4%，灰分0.8%，碳氮比(C/N)约为492:1。以木屑为主料配制培养料时，需要添加含氮量偏高的麸皮、米糠、玉米粉或豆、棉、花生等饼粕作辅料。木屑中含可溶性糖分也很低，为满足黑木耳菌丝生长阶段所需要的糖分，在培养料中需添加蔗糖。

(2)棉子壳　又叫棉子皮，是棉子油加工厂的下脚料，占棉子总量的32%～40%。棉子壳含固有水10%左右，多缩戊糖22%～25%，粗纤维68.6%，木质素29%～32%，粗蛋白质6.85%，粗脂肪3.1%，粗灰分2.46%，磷0.13%，碳66%，氮2.03%。这些物质都是黑木耳生长所需的良好营养源。从棉子壳的营养成分看，比木屑好得多。棉子壳的颗粒大，质地疏松，保水、通气性能好。生产时要选用无霉变、无结块、未经雨淋的新鲜棉子壳为原料。使用前最好在阳光下暴晒1～2天。经多年生产实践证明，除了木屑，棉子壳是生产黑木耳的理想原料。

(3)玉米芯　玉米芯是玉米果穗脱粒后的穗轴。玉米芯资源丰富，是全国广大玉米产区栽培黑木耳的较好原料。玉米芯含粗纤维28.2%，粗蛋白质2.0%，粗脂肪0.7%，粗灰分20%，钙0.01%，磷0.08%，碳氮比(C/N)约为100:1。玉米芯应选用当年产的新鲜、干燥、无霉变者为原料。因玉米芯含可溶性糖分较多，极易引起发霉变质，故应使其充分干透后，存放在通风干燥处，防止雨淋和受潮。发热、受潮、霉变的玉米芯不宜用作培养料。玉米芯在使用前应先在太阳下暴晒2～3天，然后粉碎成玉米粒大小的颗粒。经提前预湿或堆积发酵后再配料。玉米芯含氮量较低，在配制培养料时应增加麸皮、米糠、玉米粉等含氮量较高物质的用量。

(4)甘蔗渣　甘蔗渣是甘蔗制糖后的下脚料。含粗纤维48%，粗蛋白质1.4%，粗灰分2.04%。可代替木屑用于黑木耳栽培。但必须选用色白、新鲜、无发酵酸味、无霉变者为原料。一般取刚榨过糖的新渣及时晒干，储存于干燥处备用。没有干透、久置堆放结块、发黑变质、有霉味的不宜使用。用于培养料的甘蔗渣使用前需经粉碎处理，否则易刺破塑料袋。单用甘蔗渣为培养料栽培黑木耳，效果不太理想，如与棉子壳、废棉渣等原料按比例混合使用，则效果较好。

(5)废棉渣　废棉渣是纺织厂、卫材厂、棉花加工厂的下脚料。其中混有较多的团状废棉和一些碎棉子。该原料含纤维素38%，因其中混有一定量的碎棉子，其粗蛋白质含量达8%，营养较丰富。栽培黑木耳时，和其他颗粒原料合理搭配后，也是一种较为理想的栽培材料。单独使用时，应将废棉团拣出。

(6)黄豆秆、玉米秆　黄豆秆含氮源丰富（其中含粗蛋白质9.2%，粗纤维36%），是栽培黑木耳很好的原料。它和玉米秆经粉碎后加入到棉子壳、木屑中，栽培效果更好。

(7)桑枝屑　养蚕区具有丰富的桑树木屑来源。以等量的桑枝木屑和棉子壳为主料，添加定量的麸皮，生物学效率可达100%以上，如果单独采用桑树木屑栽培，效率较低。

(8)甘薯渣　甘薯渣含有丰富的纤维素，同时由于纤维较短，易被黑木耳菌丝分解利用。但甘薯渣含有丰富的淀粉类物质，易被杂菌污染。因此，选料时一定要新鲜。甘薯渣栽培黑木耳产量较高，是一种较好的栽培原料。

(9)木糖渣　木糖渣是以玉米芯为原料，经高温、酸化提取木糖后的工业废渣。在我国的华北、东北等玉米主产区，已相继建成一大批以玉米芯为原料提取木糖的加工厂，木糖渣资源十分丰富。起初由于得不到有效利用，造成巨大的资源浪费和环境污染。木糖渣富含纤维素、半纤维素等多种营养物质，平菇和金针菇生产应用较多，它也是适宜黑木耳栽培的原料之一。

2. 辅助原料的选择　辅助原料又称辅料。所谓辅料就是，针对黑木耳在生长发育过程中所需的各种营养成分，为了弥补主料所含营养的不足，适当添加所需高营养物质，达到营养均衡，结构合理。辅助材料的加入，不仅可增加营养，而且可以改善培养料的理化性状，从而促进黑木耳菌丝健壮生长，子实体高产优质。常用的辅助原料有两大类：一是天然有机物质，如麸皮、米糠、玉米粉、饼粕粉等。二是化学物质，如尿素、蔗糖、硫酸钙、碳酸钙、氧化钙、磷酸二氢钾、硫酸镁等。

(1)麸皮　麸皮是小麦粒加工面粉后的副产品，其含水12.1%，粗蛋白质13.5%，粗脂肪3.8%，粗纤维10.4%，碳水化合物55.4%，灰分4.8%，维生素含量丰富，尤其是维生素B_1的含量较高。麸皮蛋白质中含有16种氨基酸，其营养十分丰富，质地疏松，是最常用的辅助材料，通常的添加量为10%～20%。

(2)玉米粉　玉米粉是玉米粒加工粉碎后的产物，其营养因不同品种、不同产地而有差异。一般玉米粉中含水12.2%，有机质87.8%，粗蛋白质9.6%，粗脂肪5.6%，粗纤维3.9%，碳水化合物69.6%，粗灰分1%。玉米粉中维生素B_2的含量较高，生产中通常添加量为5%～10%。

(3)米糠　细米糠是黑木耳栽培最好的氮源。新鲜的细米糠中含有12.5%粗蛋白质和8%粗脂肪,57.7%无氮浸出物。米糠内还有大量的生长因子,如维生素 B_1 等。但维生素 B_1 不耐热,120℃以上就迅速分解,在灭菌过程中要引起注意。米糠要用细米糠,而三七糠、统糠的营养含量较差,不适合作培养基的氮源。米糠一定要用新鲜的,米糠的新鲜度和黑木耳的菌丝生长,子实体产量、质量存在着密切的关系。

(4)棉仁粕、茶子粕、花生粕　这三种饼粕的粗蛋白质含量均在35%以上,其中花生饼粕的粗蛋白质的含量达47.1%,可代替部分细米糠或麸皮使用,但一般用量不要超过培养料干重的10%。

(5)硫酸钙　又称生石膏,含钙23.28%,含硫18.62%。水溶液呈中性,生石膏加热至128℃部分脱水成熟石膏。熟石膏在20℃时,1 000毫升水中溶解3克,pH为7。用石膏主要是补充培养料中的钙元素,同时,石膏还有缓冲和调节培养料pH的作用。

(6)碳酸钙　碳酸钙天然的有石灰石、大理石等,极难溶于水,白色晶体或粉末,纯品含钙40.05%,水溶液呈微碱性,用石灰石等矿石直接粉碎加工的产品称为重质碳酸钙。用化学法生产的产品称为轻质碳酸钙,其品质纯、颗粒细,在生产中常用轻质碳酸钙作为培养料的缓冲剂和钙素养分的添加剂,通常添加量为0.5% ~1%。

(7)尿素　尿素是一种有机氮素化学肥料,为白色结晶颗粒或粉末,易溶于水,100千克水中可溶解17千克尿素,水溶液呈中性。在生产中通常使用0.1% ~0.4%的添加量作为培养料中氮源的补充,在使用时用量一般不要超过0.5%,否则尿素分解放出的氨会抑制菌丝的生长。另外,氮素浓度过高也会推迟出耳。

(8)磷酸二氢钾　磷酸二氢钾是一种含有磷和钾的化学肥料,含磷30.2% ~51.5%,含钾34% ~40%。在25℃时,1 000毫升水中可溶解330克。为无色结晶或白色颗粒状粉末,水溶液pH为4.4 ~4.8,含杂质较多的工业品或农用品的颜色略带杂色。培养料的添加量一般为0.05% ~0.1%。

(9)硫酸镁　为无色结晶或白色颗粒状粉末,补充镁元素,利于细胞生长发育,有防止菌丝衰老的作用。在培养料的添加量多为0.05% ~0.1%。

(10)蔗糖　红糖、白糖均可。在木耳培养料中的添加比例为1%　,有促进菌丝生长和提高出耳率的作用。

(11)石灰　石灰有生石灰和熟石灰之分,生石灰又称煅石灰,主要成分是氧化钙。生石灰呈白色块状,遇水则化合生成氢氧化钙,并产生大量的热,具有杀菌作用。熟石灰又名消石灰,化学名称为氢氧化钙,熟石灰为白色粉末,具有强碱性,对皮肤有腐蚀作用,吸湿性强,能吸收空气中的二氧化碳变成碳酸钙。氢氧化钙的水溶液称为石灰水,具有一定的杀菌作用,通常在生产中使用生石灰，在拌料时加水使其变成熟石灰，一般1% ~3%石灰水即可起到较好的杀菌作用。在生产中最好采用块状的生石灰，其杀菌效果比熟石灰要好。

3. 栽培黑木耳常用的主要原料和辅助原料营养成分含量见表5、表6

表5 黑木耳常用主料和辅料营养成分(%)

成分 原料名称	水分	粗蛋白质	粗脂肪	粗纤维（含木质素）	无氮浸出物（可溶性碳水化合物）	钙	磷	粗灰分
杂木屑	23.2	0.4	4.5	42.7	28.6	/	/	0.6
棉子壳	11.9	17.6	8.8	26	29.6	0.53	0.66	6.1
玉米芯	13.4	1.1	0.6	31.8	51.8	0.4	0.25	1.3
甘蔗渣	18.4	2.5	11.6	48.1	18.7	0.05	0.15	0.7
废　棉	12.5	7.9	1.6	38.5	30.9	0.22	0.45	8.6
黄豆秆	11.8	13.8	2.4	29.3	35.1	0.92	0.21	7.6
稻　壳	6.8	2.0	0.6	45.2	28.5	0.08	0.074	16.9
谷　糠	14.7	3.8	1.7	36.2	30.8	0.32	0.16	12.8
干木糖渣	16.8	2.9	2.4	28.5	48.3	0.4	0.23	1.1
花生壳	10.1	7.7	5.9	59.8	10.4	0.25	0.22	6.1
甘薯渣	9.8	4.3	0.7	2.2	80.7	0.078	0.086	2.3
麸　皮	12.1	13.5	3.8	10.4	55.4	0.066	0.84	4.8
细米糠	9.0	9.4	15.0	11.0	46.0	0.105	1.920	9.6
黄　豆	12.4	36.6	14.0	3.9	28.9	0.18	0.40	4.2
玉　米	12.2	9.6	5.6	1.5	69.7	0.049	0.29	1.0
棉子饼	9.5	31.3	10.6	12.3	30.0	0.31	0.97	6.3
棉仁粕	10.8	32.6	0.6	13.6	36.9	0.35	1.1	5.6
黄豆饼	13.5	4.2	7.9	6.4	25.0	0.49	0.78	5.2
菜子粕	10.0	33.1	10.2	11.1	27.9	0.26	0.58	7.7
芝麻饼	7.8	39.4	5.1	10.0	28.6	0.722	1.07	9.1

注：粗灰分包括钙、镁、磷、铁、钾等多种矿物质元素。

表6 黑木耳常用化学辅料主要成分、用法与用量

产品名称	用法与用量
尿素(含氮46%)	补充氮源营养,均匀拌入培养料中,用量0.1%~0.3%
硫酸铵(含氮21%,硫24%)	补充氮源营养,均匀拌入培养料中,用量0.1%~0.2%
硝酸铵(含氮35%)	补充氮源营养,均匀拌入培养料中,用量0.1%~0.2%
碳酸铵(含氮12.27%)	补充氮源营养,均匀拌入培养料中,用量0.2%~0.4%
石灰氮(含氮35%,钙50%)	补充氮源和钙素营养,均匀拌入培养料中,用量0.2%~0.5%
磷酸钾(含磷14.1%,钾55%)	补充磷、钾元素,均匀拌入培养料中,用量0.05%~0.2%
磷酸二铵(含氮18%,磷46%)	补充氮、磷元素,均匀拌入培养料中,用量0.5%~1%
磷酸二氢钾(含磷30.2%~51.5%,钾34%~40%)	补充磷、钾元素,缓冲、稳定pH,均匀拌入培养料中,用0.05%~0.3%
磷酸氢二钾(含磷30%~30.5%,钾32%~40%)	补充磷、钾元素,稳定、缓冲pH,均匀拌入培养料中,用0.05%~0.3%
硫酸镁(含硫12.95%,镁9.81%)	补充硫、镁元素,稳定、缓冲pH,均匀拌入培养料中,用0.05%~0.15%
石膏(含硫18.62%,钙23.28%)	补充硫、钙元素,稳定、缓冲pH,均匀拌入培养料中,用量1%~2%
石灰粉(含氧化钙90%~96%)	补充钙元素,调节pH,均匀拌入培养料中,用量1%~3%
碳酸钙(含钙40.05%)	补钙元素,稳定、缓冲pH,均匀拌入培养料中,用量0.5%~1%
过磷酸钙(含磷酸12%~20%)	主要补充磷元素,调节pH,均匀拌入培养料中,用量1%~2%
钙镁磷肥(含磷12%~20%)	主要补充磷、钙、镁元素,均匀拌入培养料中,用量0.5%~2%

(三)栽培原料的利用问题

前面已对栽培黑木耳的主要原料、辅助原料及其营养成分作了较为详细的介绍,各地可因地制宜进行选择。如何利用上述原料配制成适合黑木耳生长发育的培养料,首先应确定主料及其理化性状和营养特点,再确定添加配料或辅料的种类及用量。培养料配方是否适宜,直接影响到黑木耳产量的高低及品质的优劣。根据多年生产实践认为,在众多的培养料配方中,以硬杂木屑或加入适量硬杂木屑的配方产量最高,质量最好,加入适量棉子壳的配方产量也较高,质量较好。

黑木耳产量的高低不仅与培养料含氮量有关,同时也与培养基的通气有很大的关系。过于细碎的阔叶树木屑因空隙太小,通气性不好,营养成分也不高,栽培黑木耳的产量不高;棉子壳的颗粒大,壳与壳之间间隙大,通气好,其产量就高;硬杂木屑栽培黑木耳透气性较好,营养成分又丰富,产量较

高。因而对黑木耳来说，培养料配方除必须满足营养要求外，还必须注意培养料之间的通气状况，这二者都是关系到黑木耳能否高产的技术关键。有条件的地方可采用木屑与蔗渣、稻草、麦秆、玉米芯等原料的混合培养料进行栽培，可比单用木屑或蔗渣等为主要原料栽培的产量提高很多。

1. 木屑培养料配方　木屑78千克，麸皮17千克，玉米粉3千克，石膏1千克，磷肥1千克。

2. 棉子壳培养料配方　棉子壳84千克，麸皮10千克，玉米粉4千克，蔗糖1千克，碳酸钙1千克。

3. 玉米芯培养料配方　玉米芯63千克，豆秆屑10千克，茶子粕20千克，麸皮5千克，蔗糖1千克，石膏粉1千克。

4. 甘蔗渣培养料配方　甘蔗渣35千克，棉子壳32千克，麸皮27千克，玉米粉3千克，碳酸钙1千克，蔗糖1千克，尿素0.6千克，硫酸镁0.15千克，磷酸二氢钾0.25千克。

5. 废棉渣培养料配方　废棉渣30千克，木屑48千克，麸皮20千克，石膏1千克，蔗糖1千克。

6. 黄豆秆培养料配方　豆秆屑77千克，麸皮10千克，玉米粉10千克，蔗糖1千克，石膏1千克，磷肥1千克。

7. 桑树木屑培养料配方　桑树木屑78千克，麸皮17千克，玉米粉3千克，碳酸钙1千克，过磷酸钙1千克。

8. 甘薯渣培养料配方　甘薯渣20千克，木屑60千克，麸皮18千克，碳酸钙1千克，磷肥1千克。

上述配方中所用木屑需用疏松的阔叶树木屑，并经自然堆积3～6个月才能使用；玉米芯需粉碎成玉米粒大小的颗粒才能使用。

七、关于栽培模式的选择利用问题

本节介绍了适宜从南到北不同气候特点使用的黑木耳栽培模式，读者可以根据自己的资源优势和气候特点选择使用，以获得较高的效益。

知识链接

（一）黑木耳立体吊袋栽培模式（图169）

图169　立体吊袋栽培模式

1. 季节安排　华中地区春季栽培，宜在1月制栽培袋，3月中旬至5月底以前出耳。秋季栽培，宜于6月下旬至7月底以前制栽培袋，9月上旬至10月底出耳。

2. 培养料配方

配方1　棉子壳92%，麸皮6%，石膏2%，石灰适量调pH7～8。

配方2　棉子壳45%，木屑45%，麸皮8%，石膏2%，石灰适量调pH7～8。

3. 拌料装袋　按以上配方准确称料，将棉子壳用清水浸泡，捞出淋去多余水分，将石灰用罗均匀筛入麸皮中再与泡好的棉子壳充分拌匀，使料水比达1∶1.4，建堆发酵24小时后装袋，栽培袋使用15厘米×30厘米×0.04毫米的高密度聚乙烯塑料袋，要求装实，上下均匀，每袋装料高度15厘米，装袋后重量为0.7千克/袋（干料0.25千克/袋）左右，线绳或者铝钉扎口。

4. 料袋灭菌　用0.15兆帕高压灭菌2.5～3小时；或100℃常压下保持16～24小时。出锅运往冷却室。当料袋冷却至30℃时，趁热抢温接种。

5. 接种　如自备菌种需在接种前10～15天培养好菌种。采用中低温型品种，如有足够的养菌时间，采用袋口一端单点接种，如距出耳时间接近，可采用折袋扎口，两面贴胶纸两点接种，如购进菌种需订做或适宜菌龄随购随用。一点接种，每瓶栽培种可接50～80袋栽培袋，两点接种可接40～45袋栽培袋。

6. 菌丝体培养　将接种后的料袋运到事先经整理、消毒处理过的培养室内，控制培养室温度在22～24℃，空气相对湿度60%～70%，适量通风，遮光恒温培养40～50天后，菌丝长满料袋。

7. 菌袋后熟处理　为了提高产量,发好的菌袋要进行养菌处理,以积累充分营养源,根据不同品种和季节养菌 20 ~ 60 天,让菌袋内菌丝体完成后熟。这段时间的养菌处理,一定要在无光条件下,并加强通风。

8. 棚架的搭建　选通风、向阳、水源好、地面平整的地方搭建菇棚。棚架宽 270 厘米,中间留走道 70 厘米,两边各 100 厘米层架,脊高 180 厘米,边高 160 厘米,长度以栽培袋数量多少而定,每 2 米为一档可吊 400 袋。棚架共 5 层,每层相隔 30 厘米,棚上覆盖薄膜,用于温度低时保温保湿和防止雨水过量,在距离棚上面 100 厘米高的地方搭 80% ~95% 黑网棚遮阴。有料袋栽培香菇的棚架也可整理使用。

9. 划口催耳　养菌好的袋子,春季平均气温回升到 8℃以上,秋季平均温度降至 18℃以下时,按每袋破 6 ~8 个"V"形口,口不能划大,总长不超过 2 厘米,深度 0.2 ~0.3 厘米(注意划口不能划在袋口处),划好口及时将袋口用圆扎口绳绑吊于架上。吊袋时一定要顺风向,有行列,分层次。同时,还要控制挂袋密度,切忌过于密集。袋与袋之间互相错开,使菌袋上下、前后、左右距离不小于 15 厘米,让每个菌袋都能得到充足的光照、水分和空气。每棚内所吊菌袋必须 1 ~2 天完成,同时加大空气相对湿度达 88% ~94% ,持续 5 ~7 天,待划口处耳基即将形成时改为间歇喷水,使空气相对湿度保持在 90% 左右,3 ~5 天后,耳芽便长到黄豆大小,进入子实体管理阶段。

10. 子实体生长期管理　当耳芽长到黄豆大小时,将空气相对湿度降至 83% ~90% ,人为增湿使耳片边缘始终呈湿润状态,直到五成熟时,再加大湿差,可采用早晚喷水,使空气相对湿度保持在 94% ;中午断水,把空气相对湿度降至 75% ,使耳片呈白天干边,夜晚生长状态,干干湿湿,直到采收。

11. 采收干制　早春晚秋栽培的黑木耳,待耳片适度伸展,耳片连体,大量弹射孢子时采收;晚春、早秋、夏季栽培的黑木耳,可在耳片变薄或高温通风不良,耳片有其他真菌杂菌菌丝出现时,立即采收。采收前提前 1 天停水。选晴天早上采收,采收时,采大留小,尽量不要破坏培养料;采收后的木耳,去掉根基部分杂质,立即摆在竹筛上晾晒;基部向下,晒干后用塑料编织袋包装,外套透明袋防潮。

12. 二茬耳管理　首茬采收后停水 2 ~3 天,停水期间检查菌袋受损情况,根据袋体破坏情况,原出耳处袋体与培养料脱离或培养料带出受损的口穴,可在原口附近再划一"V"形口;外界气温较高时,育二茬耳每袋可均匀再加割 3 ~4 个"V"形口,以增大出耳密度,喷水增湿与首茬耳相同。

13. 病虫害防治　黑木耳病虫害必须以防为主。制袋过程中,首先要有无生理病害的纯菌种种源,其次制种环境要严格处理,防止环境交叉感染和菌蝇的发生。一旦发生感染,及时拣出,发现菌蝇及时用农药喷杀;栽培过程中,要排除附近的污染源;喷水过程中,发现污染袋及时处理,菌蝇或其他蚊蝇,可采用诱杀,切不可用农药喷袋,避免农药残留。

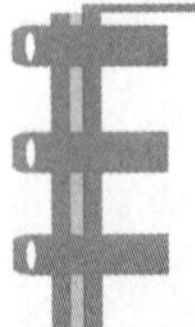

这种栽培模式，拓宽了生产季节，提高了生物转化率和产量，每袋（15厘米×30厘米×0.04毫米）平均单产干耳达30克以上，既节约了土地和人工等能源，又提高了黑木耳质量。

这种栽培模式占地少，空间利用率高。在低温季节或是凉爽的高海拔山区比较适用。吊袋的密度不要太大，否则，操作不方便。

（二）黑木耳地沟袋栽模式

地沟栽培黑木耳，低温季节可增光、保湿和保温；气温高时，则又起到降温作用。充分利用日光和地温条件，克服了北方地区日照时间短、气候干旱、气温较低的缺点。现将其技术要点介绍如下：

1. 栽培季节及品种

（1）栽培季节　华中地区适宜选择12月至翌年1月底制袋接种，1月至2月底养菌，3月中旬至5月下旬管理出耳。东北地区制袋时间可适当延后，华东地区制袋时间可适当提前。

（2）品种选择　华中地区适宜选择黑木耳品种黑风6号和Au9；东北地区可选择黑木耳品种丰收1号和Au8；而华东地区选择黑木耳品种沪耳3号和Au5。

2. 培养料配方

配方1　木屑78%，麦麸20%，蔗糖1%，石膏粉1%，石灰适量。

配方2　玉米芯49 %，棉子壳30%，麦麸20%，石膏粉1%，石灰适量。

配方3　木屑57%，玉米芯20%，麦麸20%，石灰，石膏，糖各1%。

3. 菌袋制作

（1）拌料　按比例称料、拌匀，调pH为7.0～7.5，含水量为60%。

（2）装袋　将配制好的培养料装入17厘米×33厘米×（0.05～0.06）厘米的聚乙烯塑料袋中，装料高度20厘米，湿重1千克，虚实均匀。装料完毕，擦净袋口，套上颈圈，棉塞封口。

（3）灭菌　将装好的料袋立即进行常压灭菌。当料袋温度升至100℃时，维持10～12小时停止加温，待料袋温度降至70℃时，抢温出锅。

(4)接种　当料袋冷却到32℃时，在无菌条件下，抢温单点接种。

(5)培养　接种后的菌袋，移入培养室养菌。培养期间，保持室温22～25℃，空气相对湿度60%～70%，每天通风2～4次，每次20～30分，保持微弱散射光，50天左右菌丝长满菌袋。

4. 出耳管理　当气温开始回升，日均温升至15℃时(4月5日前后)，开始进行出耳管理。

(1)选地建沟　地沟应选择背风向阳、排水良好、坐北朝南的场地，东西向开沟。沟宽1米，深25～30厘米，长度视场地而定，一般以10～15米为宜。沟内用80%敌敌畏800倍液和50%甲基硫菌灵500倍液杀虫灭菌。

(2)排袋扎孔　菌丝长满后，再培养3～5天开始扎孔出耳。在距离料面2厘米向下依次扎孔，孔间距1厘米，相邻孔呈品字形，孔深1厘米，袋底也同样扎孔。扎孔应在晴天的早上或下午进行，尽量避开阴雨天。扎孔后将袋底朝上摆入沟内，袋间距10厘米，并及时盖上厚草帘。草帘在使用前用50%甲基硫菌灵或50%多菌灵600～800倍液浸泡30分后捞出，沥干明水，盖在菌袋上。

(3)催耳管理　扎孔后2～3天不必给水，温度控制在15～22℃，湿度以80%～85%为宜，同时保证有适量的散射光，通风良好，空气清新。前期气温低时，白天去掉草帘，把两头薄膜口掀开，通风透气。后期气温高，晚上把草帘掀开通风、透气 。每隔3天进行草帘上下面调换，防止草帘长杂菌。7天后形成原基。增湿时切忌大水喷灌，防止草帘上的水珠滴入出耳孔引起污染；如遇大雨，在草帘上覆盖塑料薄膜，避免畦内积水。

(4)出耳期管理　木耳原基形成后，控制温度15～22℃，空气相对湿度90%～95%，保持子实体表面湿润；适当延长通风时间，通过掀盖草帘，来保持畦内的温度、湿度、空气和光照。

(5)耳片生长期管理　耳片分化后，进入快速生长期，对温度、湿度、光照、空气的需求量也越来越大。这一时期控制畦内温度15～23℃；空气相对湿度95%左右；加强通风，除早晨揭膜通风外，每天增加通风2～3次，每次20～30分。当耳片展开到2～3厘米，早上日出前揭草帘进行通风增光，适当增大畦内的湿度差，控制畦内空气相对湿度在75%～95%，保持干湿交替的环境条件，促使木耳生长发育和加深耳片的色泽。

(6)适时采收　管理10天左右，耳片展开，发育成熟，即可采收。采收后的鲜耳去掉根部的木屑杂质后晒干存放。

5. 茬间管理　第一茬木耳采后，把草帘晒干，停水3～4天，采取干湿交替的管理方法，促使第二茬耳芽形成。出耳后管理参照第一茬进行。总共可采收2～3茬，每袋可采收干耳35～40克。

地沟内的温度、湿度比较容易调控，但要注意通风和补光，提高黑木耳的品质。

（三）黑木耳仿野生地栽模式（图 170）

图 170　仿野生地栽模式

1. 栽培季节选择　黑木耳是一种中温型菌类，适于春、秋季栽培。根据各地栽培实践，在华北地区，1 年中可安排两个栽培周期。分别于 2 月上旬至 3 月中旬和 5 月下旬至 8 月中旬生产菌袋，5 月下旬至 7 月和 7 月下旬至 10 月中旬下地出耳。华中地区制袋时间可在此时间基础上适当提前。在华东地区和华南地区，1 年内安排两个栽培周期比较合适。12 月至翌年 2 月制作菌袋，3 月中旬至 5 月上旬出耳。

2. 场房设备　场房最好设在交通、能源方便，水源干净，空气清新，利于排水的地方，避开猪场、鸡场、垃圾堆、仓库等污染严重的地方。场房设计应按生产流程设置原料室、配料室、灭菌室、冷却室、接种室、培养室、贮藏室等。场房规模可根据自己的实际条件进行安排，但必须具有灭菌室、接种箱和培养室。

（1）灭菌室　灭菌室内放置常压蒸汽灭菌锅或高压蒸汽灭菌锅，用于原种瓶和栽培袋的灭菌。

（2）接种室　接种室面积 15～20 米^2，高约 2.5 米，房顶铺设天花板密封，地面和墙壁要平整、光滑，以便于清洗消毒。接种室内设有工作台用来接种操作，工作台上方装置 1～2 支功率 30～40 瓦的紫外线灭菌灯。

（3）培养室　培养室用于原种瓶或栽培袋的菌丝体培养，其内排放角铁制成的培养架，培养架宽 60～70 厘米，长度 200 厘米，每个架子上下分为

7层,层间距30厘米左右。培养架之间留70厘米左右的间距。培养室还需安装取暖和降温设备,预留通风口,以保证室内有适宜的温度、湿度等环境条件,满足黑木耳菌丝体生长的需要。

3. 栽培场地选择　栽培场地的好坏,直接影响到黑木耳产量的高低和品质的优劣,甚至关系着黑木耳栽培的成败。选择背风向阳、地势平坦、日照较长,日夜温差小,早晚有雾罩,靠近水源,湿度比较大的地方。坐北朝南建造畦床,畦床高度10~15厘米,宽1米,长3~5米。侧面要坚实,铲成斜坡形,底部要夯实,防止塌陷。床面用竹片搭弓形棚架,床底至棚顶高度为60厘米,棚上覆盖塑料薄膜保湿,塑料薄膜外面盖草帘遮阴。要求周围环境清洁,光线要充足,通风良好,保温保湿性能好,以满足黑木耳在出耳期间对温度、湿度、空气和光照等环境条件的要求。不要选在陡坡或山顶上,更不能选择沼泽地带作耳场,最好选在树林中,有太阳光照最好。

4. 菌种选择　优良的菌种是实现黑木耳栽培优质高产的前提,生产上使用菌种符合以下要求:

(1)袋口包扎严密　棉塞不松动,菌袋无破损。

(2)菌龄适宜　一般不超过3个月。

(3)菌丝洁白健壮　均匀一致,菌体饱满,紧贴袋壁,无收缩现象。除了黑木耳菌丝体的白色外,没有绿、黑、黄等杂色,无拮抗线或不规则斑痕。

(4)菌种整体性好　有弹性,掰块多,无松散或发黏现象。

(5)菌块内有菌丝香味　无臭味、酸味或其他异味。

5. 原材料准备

(1)木屑　要求无杂质、无霉变、以阔叶硬木杂树为主。如果木屑过细,可适当添加农作物秸秆(粉碎)调节粗细度。以颗粒状木屑80%加细锯末20%为宜。

(2)麦麸、米糠　麦麸、米糠要求新鲜无霉变,无结块。麦麸以大片的为宜。

(3)塑料袋　黑木耳生产使用的塑料袋现有高压聚丙烯塑料袋和低压聚乙烯塑料袋。高压聚丙烯塑料袋,透明度强,耐高温,121℃不熔化、不变形,方便检查袋内杂菌污染;但其质地较脆,冬季装袋,破损率高。低压聚乙烯塑料袋有一定的韧性和回缩力,装袋时破损率低;但其透明度差,检查杂菌时难以看清;而且袋子不耐高温,只适合100℃以下的常压灭菌使用。黑木耳生产上使用规格为17厘米×35厘米,重量为4.2克的低压聚乙烯或高压聚丙烯塑料袋都可以。

(4)无棉盖体　无棉盖体上盖直径以2.8厘米比较适合,这种规格的无棉盖体污染率低。

(5)药品　黑木耳生产常用药品分为三大类:一类是促进生长类药品,一类是消毒类药品,一类是病虫害防治药品。

促进生长的常用药品主要有:三十烷醇、食用菌营养素、菇耳壮等药品,生产上可按照使用说明书使用。

消毒类药品常用的有福尔马林、来苏儿、硫黄、高锰酸钾、熏蒸消毒剂、漂白粉、过氧乙酸、新洁尔灭、酒精、多菌灵、克霉灵、绿霉净、石灰等。

病虫害防治药品常用的有甲基硫菌灵、多菌灵、石灰水、乐果、敌杀死、敌敌畏等。

6. 培养料配方

配方 1　木屑 78%,麸皮或米糠 20%,石膏 1%,糖 1%,石灰适量。

配方 2　苹果树木屑 40%,带锯杂木屑 28%,玉米芯 15%,麦麸 15%,石膏 1%,石灰 1%。

配方 3　硬杂木屑 64%,玉米芯 20%,麦麸 12%,豆粉 2%,石膏粉 1%,生石灰 1%。

配方 4　硬杂木屑 86%,麦麸 10%,豆粉 2%,生石灰 1%,石膏粉 1%。

配方 5　玉米芯 48%,木屑 38%,麦麸 10%,豆饼粉 2%,生石灰 1%,石膏粉 1%。

7. 拌料

(1)木屑过筛　木屑使用前,过 60~100 目筛,除去较大的木块,防止扎破菌袋。

(2)拌料　先将麦麸、石膏、石灰称好后放在一起,先干拌两遍,然后再放入木屑中,将干料搅拌均匀。然后加水混拌均匀。注意调整混合料的水分,保证含水量在62%~63%,调整 pH 在6.0~7.0。由于原材料购买地不同,各地木屑自身含水量也不一样,所以拌料时要灵活掌握。

要求:称料准确,水分适中,干湿均匀,当日拌料,当日装袋,当日灭菌。

(3)装袋　培养料装袋最好是使用装袋机装袋,确保装袋大小、虚实均匀。装好的料袋高为 17~18 厘米,每袋重约 1.1 千克。装袋要做到上部紧,下部松。料面平整,无散料,袋面光滑,无皱褶。如果是用手工装袋,用直径 2.5~3 厘米的扎孔棒从料中心位置自上而下打一 10~15 厘米深的孔洞。最后套上颈圈,套上无棉封盖。装好的栽培袋放入专用灭菌筐,进行灭菌。

8. 灭菌　装袋结束,立即装锅,进行灭菌,不能放置过夜。灭菌可采用高压蒸汽灭菌或常压蒸汽灭菌。

(1)高压蒸汽灭菌法　在 0.15 兆帕的压力下灭菌 2.5~3 个小时。灭菌过程中应注意以下几点:

1）排灭菌锅冷空气和计时规则　在开始加热灭菌时，先关闭排气阀，当压力升到0.05兆帕时，打开排气阀，排出冷空气，直至压力降到零时，再关闭排气阀，当灭菌锅内压力升到0.15兆帕时开始计时，保持2.5～3小时。

2）灭菌锅内的栽培袋的摆放　摆放不要过于紧密，保证蒸汽能畅通、循环，防止形成温度死角，达不到彻底灭菌的目的。

3）灭菌结束应自然冷却　当压力降至0.05兆帕左右，再打开排气阀放气，以免减压过程中，放气过快塑料袋内外产生压力差，把塑料袋胀破。

4）防止棉塞打湿　灭菌时，棉塞上应盖上耐高温塑料薄膜，以免锅盖下面的冷凝水流到棉塞上。灭菌结束，灭菌锅内蒸汽排净后，将灭菌锅打开一条5～10厘米的缝隙，借锅内的余温烘烤棉塞5分，再将栽培袋出锅。

（2）常压蒸汽灭菌法

1）常压蒸汽灭菌，装锅是学问　最好把栽培袋装进灭菌筐中，再把灭菌筐排放整齐。预留一定的空隙，便于蒸汽循环，不留死角。

2）常压蒸汽灭菌，烧锅是技术　一开始，需要大火猛烧，迅速升温，越快越好。当最底层料袋中心温度达到100℃时，开始计时。维持100℃温度10～12小时后停火，然后闷锅一夜，待锅内温度在90℃左右，慢慢排空放净蒸汽。打开灭菌锅，把灭菌后的栽培袋搬到冷却室内进行冷却。当袋温降至30℃以下时要及时抢温接种。

3）常压灭菌的注意事项　①温度控制。加水必须加热水，保证锅内的温度不下降；最好搭一个连体灶，谨防烧干锅。②操作时间。当天拌料，当天装袋，当天灭菌。③灭菌时间。灭菌时间不要延长，以免营养流失。④出锅要小心。栽培袋灭菌后，出锅时一定要轻手轻脚，不允许拎颈圈，要双手捧托搬运。

9. 接种　用接种箱（或接种室）严格按照无菌操作规程进行接种。挑选优质的菌种，用75%酒精棉球或2%的高锰酸钾溶液擦洗后放入接种箱（或接种室）使用。将待接料袋、接种工具、酒精灯、火柴、酒精棉球等全部放入接种箱（或接种室）。1米^{3}空间用6克气雾消毒剂点燃熏蒸消毒30分后灭菌，同时用紫外线灯照射30分杀菌消毒后开始接种。接好种的栽培袋迅速运往事先用气雾熏蒸和药剂喷洒的方法消毒处理过的培养室发菌。

10. 养菌

（1）培养室处理　培养室要求干净、干燥、黑暗和通风，并设置培养架和加温设施。1米^{3}空间用硫黄15克或气雾消毒盒一包点燃，密闭门窗熏蒸消毒24小时后使用。也可以按1米^{3}空间用10毫升的福尔马林，加入5克高锰酸钾密闭熏蒸24小时。菌袋进入培养室前，提前用气雾熏蒸和药剂喷洒的方法对培养室进行消毒处理。

(2)培养室管理

1)前期防低温　菌袋培养前期袋温低,室温高,养菌初期5～7天要保持培养室内温度25～28℃,控制袋温在24℃左右;空气相对湿度在60%以下。栽培袋料面上菌丝长满前通小风,促进菌丝定植吃料以占据绝对优势,使杂菌无法侵入。

2)中、后期防高温　后期袋温高于室温,应控制袋温在23～25℃,室温在21～23℃。当菌丝长到栽培袋的1/3时,要控制室温不超过28℃,最低不低于20℃。培养室内温度的测量应以培养架最上层和最下层所处位置的气温为准,如果检测到上下温差过大时,就要进行通风换气。

3)适时通风　培养时要适时通风,每天至少通风2次,每次20分左右。随着菌丝生长量的增加逐步加大通风量,保证培养室内空气清新。

4)避光养菌　黑木耳菌丝体生长发育不需要光照。较强的光照会导致栽培袋长满菌丝而提早出现耳基。在室内养菌35～40天后,当菌丝长到袋的4/5时;可以运到室外,给予适宜的温度条件和光照刺激,促使菌袋形成耳基。

11. 出耳场建造

(1)场地的选择　出耳场地要选择背风向阳、通风良好,水电、交通方便,场地开阔、渗水性能好的地块。

(2)出耳畦建造　使用前5～7天,在地面下挖出耳畦,宽1米、深20厘米,长度以菌袋数量而定,畦底要平,侧面稍具坡度。

(3)出耳畦处理　出耳畦筑好后,用50%的甲基硫菌灵500倍液和80%的敌敌畏500倍药液喷洒,结合太阳光暴晒,进行杀虫灭菌。在菌袋入畦的前1天给畦内灌满水,待水完全渗入后排放菌袋。

12. 出耳期管理

(1)扎孔排袋　参照黑木耳地沟袋栽模式扎孔排袋相关内容。

扎孔操作需要注意:第一,黑木耳菌丝没有生长的部位绝对不能扎孔。第二,塑料袋与培养料分离严重的地方不扎孔。第三,菌丝细弱的地方不扎孔。第四,菌袋表面原基过多的地方不扎孔。

(2)催耳管理

1)保持湿度　出耳期间,应以增湿为主,协调温、气、光诸因素。尤其在子实体分化时期需水量较多,更应注意。扎孔后菌袋开孔摆袋,2~3天不必给水。3天后喷大水1次,使菌袋淋湿,地面湿透,空气相对湿度保持在90%左右,以促进原基形成和分化。整个出耳阶段,空气相对湿度都要保持在80%以上。如湿度不足,则干缩部位的菌丝易老化衰退,尤其在出耳芽之后,耳芽裸露在空气中,这时空气中的相对湿度如低于90%,湿度不够,耳芽易失水僵化,影响耳片分化。为保持湿度,最好在地面铺上大粒沙子,每天早、中、晚用喷雾器或喷壶直接往地面、墙壁和菌袋表面喷水,以增加空气湿度。对菌袋表面喷水时,应喷雾状水以使耳片湿润不收边为准,应尽量减少往耳片上直接喷水,以免造成烂耳。增湿时切忌大水喷灌,防止草帘上的水珠滴入出耳孔引起污染;如遇大雨,在草帘上覆盖塑料薄膜,避免畦内积水。

2)控制温度　催耳阶段温度控制在15~22℃,最低不低于15℃,最高不超过27℃。温度过低或过高都影响耳片的生长,降低产量和质量。尤其在高温、高湿和通气条件不好时,极容易引起霉菌的污染和发生烂耳。遇到高温时,管理的关键是尽快把高温降下来,可采取加强通风,早晚多喷水和用井水喷四周墙壁、空间和地面等办法进行降温。

3)增加光照　黑木耳在出耳阶段需要有足够的散射光和一定的直射光。增加光照强度和延长光照时间,能加强耳片的蒸腾作用,并促进其新陈代谢活动,耳片变得肥厚,色泽变黑,品质好。光照强度以400~1 000勒克斯为宜。袋栽黑木耳,在出耳期间,要经常倒换和转动菌袋的位置,使各个菌袋都能均匀地得到光照,提高木耳的质量。

4)强化通风　催耳阶段需要控温保湿,也需要通风良好,空气清新。正常情况下,可在早晨6~7时将草帘揭开15厘米宽的一条缝,既可通风换气,又能保证畦内有适宜的散射光。

(3)耳芽期管理　木耳原基形成后,控制温度15~22℃,空气相对湿度90%~95%,保持子实体表面湿润;适当延长通风时间,从早晨6时揭膜通风,到上午太阳出来前后再覆盖草帘,来保持畦内的温湿度。

(4)耳片生长期管理　耳片分化后,进入快速生长期,对温度、湿度、光照、空气的需求量也越来越大。这一时期控制畦内温度15~23℃;空气相对湿度95%左右;加强通风,除早晨揭膜通风外,每天增加通风2~3次,每次20~30分。待耳片展开到1厘米左右时,便进入子实体生长期。这段时期要提高空气相对湿度至90%~95%,并加强通风,让耳片充分展开。当耳片展开到2~3厘米以后,早上日出前揭草帘进行通风增光,适当增大湿度差,控制空气相对湿度在75%~95%,保持干湿交替的环境条件,促使木耳生长发育并加深黑木耳的色泽。

行家告诫

这个阶段的水分管理十分重要，要做到"干干湿湿，干湿交替"。原则上"干要干透，湿要湿透"。"干"，停水3~4天，促使耳片充分失水，边缘翻卷，使子实体停止生长。让能量耗费殆尽的菌丝休养生息，从袋内培养料深处吸收和积累更多的养分。得到下一轮水分供给时，再继续供应子实体生长所需的营养。"湿"，停水几天后，细水勤浇3~4天，最好利用阴雨天，把水给足。这样的"干长菌丝，湿长木耳"，增强菌丝向耳片供应营养的后劲。"干"和"湿"的时间不是绝对的，应看黑木耳子实体生长情况进行精细管理，也要根据天气情况灵活掌握。

13. 适时采收　在耳片即将成熟阶段，严防过湿，并加大通风，防止霉菌或细菌侵染造成流耳。当黑木耳子实体的耳片充分展开，耳根收缩，边缘由硬变软、变薄，出现白色粉状物（孢子），说明耳片已成熟，为木耳的适宜采收期。

采耳前1~2天应停水，让阳光直接照射栽培袋和木耳；待木耳朵片收缩发干时，连根采下。耳片没有展开的不能采（干制后没有商品价值），留着进行下茬采收。采收后的栽培袋再让阳光照射3~5小时，使其干燥，以防长杂菌，便可进入第二茬耳管理。

14. 晾晒加工　将采下的黑木耳要及时清理干净耳根上的培养料和耳片上的杂质，置于干净的竹筛或窗纱上晒干，见图171。地栽黑木耳要用清水洗去杂质，一等品撕成直径2厘米以上朵片，二等品撕成直径1厘米以上朵片，放在纱窗上晾干。晒干后黑木耳含水量应在14%以下，及时装进塑料袋。扎紧袋口，要防潮防蛀。

图171　黑木耳晾晒

15. 茬间管理　木耳采收后，停水养菌3~5天，即可进入下茬出耳管理。管理得好，可采三茬耳。分别占总产量的70%、20%和10%左右。两茬耳之间这段时间主要做好以下几项工作：

(1)清理、消毒　一茬耳采收后，清理干净菌袋上的耳根和表层老化菌丝，再进行一次全面消毒。

(2)晾晒　将菌袋晾晒1～2天，使菌袋和耳穴干燥，防止感染杂菌。

(3)停水　盖好草帘，停水5～7天，使菌丝休养生息，恢复生长。待耳芽长出后，再按常规的出耳管理方法进行管理。

这种栽培模式是东北、华北以及华中地区使用最广泛，栽培规模最大的一种。栽培设施、工艺流程相对比较简单，省工省时。但占地面积太大，而且管理比较粗放。

(四)荫棚立体层架袋栽黑木耳技术(图172)

图172　立体层架袋栽模式

河南黑木耳栽培以段木栽培为主，随着禁伐森林力度的加大，耳木资源短缺，段木栽培量逐年减少，使河南黑木耳产量不断降低。因此，代料栽培必将成为黑木耳栽培的主要方式。虽然袋栽黑木耳技术在国内早已成功，但受到气候条件的限制，相关的技术在河南一直未能得到大面积成功应用。我们结合河南气候特点，摸索出适于河南推广的荫棚层架袋栽黑木耳技术，必将促进河南袋栽黑木耳生产的发展。

1. 栽培季节　根据黑木耳的生长温度和河南的气候特点，以每年11月底至翌年1月底制菌袋比较合适，翌年3月上旬进棚出耳。

2. 培养料配方　阔叶树木屑49%，玉米芯(棉子壳)29.5%，谷糠(麦麸)20%，石膏粉1%，石灰0.5%。料含水量60%～65%。原料要求新鲜，无霉变。木屑和玉米芯粉碎成黄豆粒大小，不能太细，否则影响料的透气性。

3. 菌袋制作

(1)菌袋选择　采用15厘米×55厘米×0.004毫米的低压高密度聚乙烯塑料袋，料袋要求厚薄均匀、无微孔。

(2)拌料　按照配方将培养料搅拌均匀，使各种原料与水充分混合，含水量60%～65%，可以用手握法检验，即紧握配好的培养料，指缝中有水渗出而不下滴为宜。

(3)装袋　培养料配好后应立即装袋。装袋前将料袋一端折转扎成活结，装好袋后，将另一端也折转扎成活结。装袋要松紧适中，上下均匀，料面平整，不留空隙。

(4)灭菌　装好袋后及时灭菌。一般采用常压灭菌灶灭菌。将料袋装入常压灭菌灶，用旺火猛烧，在5小时内使灶内温度达到100℃，保持20小时，使菌袋彻底灭菌。待袋温降至60℃时趁热搬入接种室。搬运过程料袋要轻拿轻放，发现菌袋有小孔，用胶布密封。

(5)接种　料袋温度降至常温后在接种室或接种箱内无菌接种。栽培种要求菌丝生长健壮，菌龄适宜，无污染。严格按照无菌操作规程两端接种，接种后扎紧袋口，移入消毒后的培养室发菌。接种量要大，一般一瓶菌种接10～15袋。

4. 菌袋培养　发菌期间，前期控制温度在28℃，使菌丝尽快萌发、定植，菌丝占领料面后，降温至25℃，严防超过30℃导致烧菌；每天通风2次，每次30分，保持室内空气新鲜；保持室内干燥，控制空气相对湿度在70%以下；避光培养，门和窗上悬挂黑布遮光，给予黑暗环境，如果光线过强，菌丝生长速度会减缓，发菌后期菌袋易提前出现耳基，影响产量。

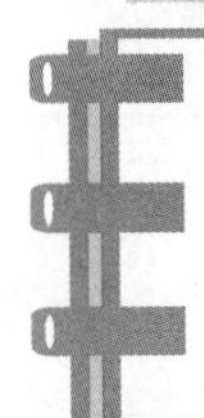

发菌期间要进行翻堆。第一次翻堆在接种后5～7天进行。以后每隔10天翻堆1次。翻堆时将菌袋上下、内外调换位置，发菌均匀。翻堆的同时检查杂菌，发现菌袋有黄、红、绿、青等颜色的及时拣出处理。对轻微污染的用75%酒精和36%福尔马林按2∶1的比例混合成的药液进行注射处理。污染严重的菌袋，要进行灭菌处理，防止杂菌扩散。一般35～50天菌丝即可发满菌袋。

5. 荫棚搭建　黑木耳出耳的最佳温度为15～25℃。春季气候比较干燥，而且变化比较剧烈，尤其是30℃的高温经常出现，栽培环境空气湿度难以控制，影响黑木耳的生长。对此，我们采用荫棚作为黑木耳的出耳场所，通过覆盖物调节棚内温度和湿度，较好地解决了黑木耳出耳时的控温和保湿问题。

(1)场地选择　栽培场应选在地势平坦、通风、向阳近水源而又卫生的地方。

(2)耳棚搭建　采用层架式小耳棚,便于控制环境条件。耳棚一般长7米,宽2.4~2.5米,也可根据具体环境搭建。整个棚架由竹木搭成,也可将两端山墙用砖泥砌成,上顶呈弧形或"人"字形,棚前后墙高1.4~1.5米,山墙顶高1.6~1.8米。山墙两端中间各留一扇宽60~80厘米、高1.7米的门。耳棚内正对门留宽约80厘米的人行道,棚内两侧设床架。床架宽80厘米,共5~6层,层高20~25厘米。每层用4根竹竿纵放作搁板,供放菌袋用。每层架可横放2排菌袋。层架每隔1~1.5米用立柱和横梁支撑。这样大小的耳棚及床架可放置2 000个左右的菌袋。棚顶覆盖草帘和塑料薄膜,也可覆盖遮阳网。

6. 出耳管理

(1)耳棚消毒　菌袋进棚前,耳棚用生石灰和气雾消毒盒消毒。密闭耳棚,地面撒石灰粉,用量10克/米^3 气雾消毒盒熏蒸。

(2)菌袋打穴开口　菌袋一般3月上旬进棚上架。如果菌袋上架晚,虽然出耳快,但产量较低。菌袋进棚后打出耳穴,用0.1%高锰酸钾或克霉灵300~500倍溶液擦洗袋面后,用锋利的消毒刀片在菌袋四周开"V"形出耳穴,每袋打4排,每排打4穴。穴口宽和长1.0~1.5厘米,深1厘米。菌袋打穴后上架,袋间距6厘米。

(3)催耳　菌袋打穴后进行催耳,通过向地面喷水提高空气相对湿度80%~85%;控制温度15~25℃,不能超过28℃;适当增加光照;加强通风,白天覆盖薄膜,晚上掀膜通风,提供充足氧气。通过上述管理7~15天,黑木耳耳基即在穴口大量形成。

(4)生长期管理

1)合理控制温度　控制环境温度在18~24℃,不可高于30℃。

2)控制适宜湿度　耳基长到1.5厘米左右或耳基封住穴口之前主要靠空气相对湿度供应水分,此阶段每天向地面、空间、棚体上喷雾1~2次,使耳场空气相对湿度达到85%,保持耳片湿润不积水。耳基长到1.5厘米左右或耳基封住穴口之后,去掉薄膜,用微喷设施或喷雾器每天向地面、空间、棚体、菌袋上喷雾3~4次,保持耳棚空气相对湿度不低于90%。喷水时不宜直接向菌袋出耳处大量喷射,以防水分过大,造成烂耳。喷水在早晚进行,不可在中午高温时喷水。

木耳生长过程中要创造“干干湿湿、干湿交替”的环境，一般正常喷水5天，然后停水，掀掉草帘，将木耳全部晒干，然后再盖上草帘，喷水让木耳湿透，进行正常管理。如此“干干湿湿”的环境十分有利于黑木耳的生长。

3)加强通风，保持空气新鲜　通风要与喷水、温度调节有机地结合起来。温度高时早晚通风，温度低时中午通风。阴雨天气一直保持通风，刮风、干燥天气微通风。

4)适当增加光照　保持适宜的光照，光线不能过暗。这样耳片黑、肉厚，质量较好。如光线过弱，耳片色淡、肉薄，质量较差。

7. 采收　当耳片充分舒展、边缘变薄，耳基开始收缩，子实体腹凹面略见白色孢子粉时立即采收。采收前1～2天停止洒水，加强通风，让木耳在袋上稍干后再采收。在河南的气候条件下，如果管理得当，可以出2茬耳。头茬木耳采收后，清除残余耳根，覆盖草帘养菌7天左右，然后参照第1茬耳的管理方法管理。

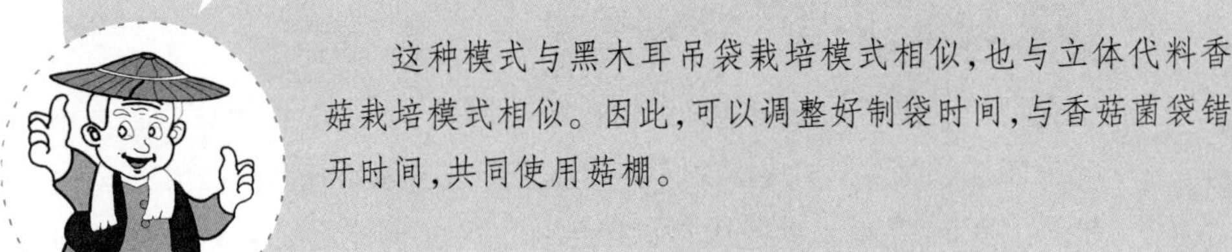

这种模式与黑木耳吊袋栽培模式相似，也与立体代料香菇栽培模式相似。因此，可以调整好制袋时间，与香菇菌袋错开时间，共同使用菇棚。

（五）滩涂林地夏季黑木耳高产栽培模式（图 173）

图 173　滩涂林地地栽模式

黄河滩涂 5 年以上树龄速生杨树林，树冠基本郁闭，多数透光率 30% 左右，形成了凉爽、湿润、氧气充足的林地自然小气候，为黑木耳生产创造了良好的生长环境。

1. 品种与菌袋选择　林下栽培黑木耳适宜选择 Au3、Au5、Au8 等黑木耳系列品种。栽培袋使用 18 厘米 ×（40 ~ 45）厘米的高密度低压聚乙烯或聚丙烯塑料袋。

2. 栽培原料及配方

配方 1　苹果、梨等各种阔叶树枝木屑 40%，棉子壳 50%，麸皮 10%。

配方 2　苹果等各种阔叶树枝木屑 70%，各种农作物秸秆 20%，豆饼或棉子饼 5%，麸皮 5%。

配方 3　棉子壳 60%，各种作物秸秆 30%，麸皮 10%。

配方 4　棉花秆粉碎屑 60%，棉子壳 30%，麸皮 10%。

3. 栽培季节　1 ~ 2 月制作菌袋，3 月下旬至 4 月中旬开口排场，进入出耳管理。

4. 拌料装袋

（1）拌料　精确称取各种培养料，把主料及各种辅料充分拌匀后，再加水搅拌均匀。培养料含水量达 60% ~ 62%，pH 调整至 6.6 ~ 7。要求做到主辅材料混合均匀、水分混合均匀、pH 均匀。当天拌料务必当天装完菌袋，当天上锅灭菌，以免培养料发酸变质，影响菌丝萌发吃料。

（2）装袋　手工或装袋机装袋，要求上下内外虚实均匀。装好的料袋表面光滑无褶，料面平整。当培养料装至距袋口 7 ~ 8 厘米的高度后，按平料面，收紧袋口，套上颈圈，用直径 2 ~ 3 厘米的扎孔器在料中央自上而下打一孔至料底，然后按顺时针旋转将扎孔器拔出，塞好棉塞。

5. 灭菌　参照本节仿野生地栽模式灭菌相关内容。

6. 接种　将灭菌后的料袋运至灭菌处理过的冷却室内，气雾消毒剂空间常规熏蒸消毒 24 小时，开启臭氧发生器和紫外线灯消毒 30 分之后，菌袋温度降至 30℃左右时即可接种。接种时关闭臭氧发生器和紫外线灯，开放式接种操作或接种箱接种。

7. 发菌　2～3 月发菌，自然气温较低，需要对培养室内进行加温培养菌袋。发菌室内具备增温、保温、通风的条件，门窗能遮光，保持室内黑暗。1～10 天，室内温度应保持 25～28℃，空气相对湿度 60% 左右，尽量少通风；菌丝吃料 1/3 后，加大通风量，维持室内温度 22℃左右，绝不超过 25℃；菌丝长至菌袋 1/2 后，把温度降至 20℃以下，促使菌丝健壮生长。控制适宜的温湿度，保持空气新鲜，45 天左右菌袋即可长满菌丝。

8. 出耳管理

(1) 选场做畦　选择 5 年以上树龄的速生杨树林，树冠基本郁闭，透光率 30% 左右。在林地内顺树行制作出耳畦床。畦的深浅，应依地势高低而定，积水低洼地应做高出地面 15～20 厘米的耳床；平地不好排水的地方，应做高出地面 7～10 厘米的畦床；排水良好的地方，应做低于地面 10～15 厘米的畦床，畦床宽 1.0～1.2 米，长度不限。畦间留 40～60 厘米宽的作业道。

(2) 畦床处理　做好的畦床内浇一次重水，使畦面渗透水分，用 40% 二氯异氰尿酸钠可湿性粉剂 1 000 倍液喷雾杀菌；用菇净 500 倍液喷雾杀虫。

(3) 开口排袋　将长满菌丝的黑木耳菌袋去掉棉塞和颈圈，扎紧袋口。用刀片在菌袋和培养料紧贴处开“V”形口。“V”形口角度 45°～60°，斜线长度 2.5 厘米左右，开口深度 0.5 厘米左右，每袋划 15～18 个口，分 3 排，呈“品”字形排列。划完口的菌袋竖直摆放在畦床中，袋间距 10～15 厘米，盖塑料膜保温、保湿，并注意定时通风。

(4) 耳基分化期管理　排袋后，保持畦床内小环境空气相对湿度 80% 左右，控制畦床温度 15～25℃，5～7 天可现子实体原基。这期间，菌蕾怕淋水，不要喷水；不要掀膜，避免雨淋。

(5) 耳片分化期管理　珊瑚状的子实体原基长至 1～1.5 厘米后，上面开始分化出小耳片。中午温度高、空气湿度低时，把畦床上薄膜盖严 4～6 小时；晚上空气湿度大，环境温度低时，掀起薄膜进行通风。保持空气相对湿度 85%，温度 20℃左右，通风良好，5～7 天即可显现耳片。

(6) 耳片生长期管理　当菌袋开口处被子实体完全封住，菌蕾边缘耳片逐渐向外伸展时，可逐渐增加喷雾状水的次数，并加大喷水量；去掉覆盖的塑料薄膜，加强通风。林中晚上湿度大，每天喷 2～3 次雾状水，保持空气相对湿度达 90%，白天停水。当耳片长至 2 厘米，子实体生长变慢，停水 3～5 天，揭膜大通风，使子实体停止生长，给黑木耳菌丝体一段休养生息的时间，促使菌丝向基内深入生长，吸收和积累养分。然后，恢复水分的供给，精细管理，促使耳片迅速恢复生长。7～10 天后耳片即可长大成熟。

9. 采收　当黑木耳子实体耳片边缘呈波浪形且变薄，耳根收缩，快要弹射孢子前，应及时采收。采后需去根部，清洗掉耳片表面附着物，晾晒干或烘干。

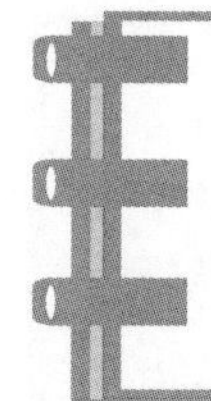

10. 采耳后管理　每采完一茬耳，停水 5 ~7 天，利用菌袋出耳间歇期，用杀菌剂二氯异氰尿酸钠和杀虫剂顺反氯氰菊酯、菇净对整个栽培场地进行杀菌灭虫。一般 5 天左右，新的耳基即可显现，再按上述方法进行管理。

初夏和初秋季节，滩涂林地的树荫下，由于河谷风的作用，使林下的温度比外界平均气温低 5℃ 以上，加上喷水调湿，使其温度和湿度更适合黑木耳的生长发育。

（六）黑木耳小孔出耳优质高产栽培技术（图 174）

图 174　小孔出耳栽培模式

黑木耳小孔出耳是近几年发展起来的一种新型开口出耳模式，这种模式产出的黑木耳子实体，耳片厚、形状好、耳根小，商品价值高，值得推广应用。

1. 品种选择　选用耳片大、颜色黑、肥厚、不烂耳，抗逆性强、产量高的优质单片或半菊花的黑木耳品种。常用品种有适合东北气候特点的长白 7 号、长白 10 号、黑 916、黑 958、黑丰 1 号、黑 29、黑 931、8603 等。其中单片黑木耳产量高、质量好，但抗逆性稍差。

2. 栽培季节　选好品种后，根据品种特性制作栽培袋。一般早熟品种 2 月中下旬开始生产栽培袋；中晚熟品种应在元旦前后开始生产栽培袋。

3. 菌袋制作

（1）菌袋选择　采用高压灭菌的应选用 17 厘米 ×35 厘米 ×0.05 毫米的聚丙烯折角袋；采用常压灭菌的选用 17 厘米 ×35 厘米 ×0.05 毫米的低压高密度聚乙烯折角袋。

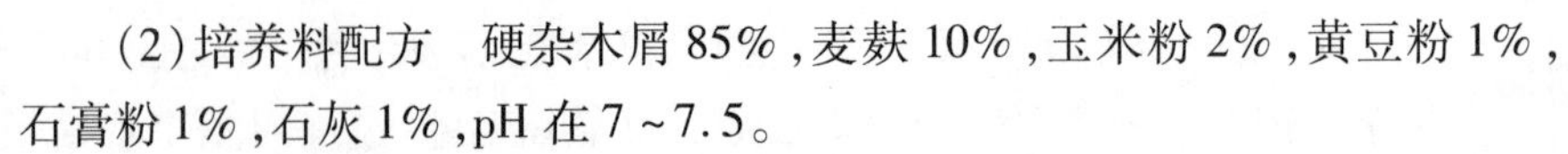

(2)培养料配方　硬杂木屑85%，麦麸10%，玉米粉2%，黄豆粉1%，石膏粉1%，石灰1%，pH在7～7.5。

(3)培养料选择　①木屑以柞树、栎树、桦树等硬杂木屑为好，若是夏季高温季节经过高温发酵过的陈木屑，还能有效地减少菌袋的破损率。②玉米芯要求新鲜无霉变，晒干后粉碎成玉米粒大小的颗粒。③麦麸要求新鲜无霉变，无结块。以新出产的大片麸皮最好。

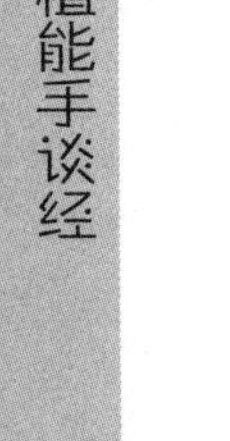

(4)拌料　按比例称取木屑、麦麸、玉米粉、豆粉、石膏，先将干料搅拌均匀，再将石灰放入水中，用石灰水溶液调整培养料含水量为60%～62%，pH在7.0～7.5。用手紧握培养料，指缝间有水珠但不滴下为含水量合格，用pH试纸测培养料pH。玉米芯和木屑如果能在拌料前预湿发酵最好。

(5)装袋　装袋时，要边装边用手压实在，上层与下层，中间与边缘要松紧一致，虚实均匀。装袋高度18～20厘米，每袋湿重1.0～1.1千克(折合干料0.4千克)。然后在菌袋中央自上而下扎空气孔，将长16.5厘米×2厘米的接种棒插入栽培袋中间的通气孔内，折回袋口，塞入穴孔，塞上棉塞。

4.灭菌　灭菌分高压灭菌和常压灭菌，其具体的操作方法与仿野生地栽黑木耳模式中灭菌方法一致。

5.接种　参照本节滩涂林地黑木耳栽培模式中接种相关内容。

接种时需注意：第一，接种室、接种箱密闭性能一定要好，确保每次都能灭菌彻底；第二，每次接种前30分，用气雾消毒盒对接种箱熏蒸灭菌；第三，接种工具在接种时，一定要用酒精灯火焰灼烧，进行彻底灭菌；第四，接种人员操作要熟练、准确、迅速，不能随意走动。

6.发菌管理

(1)温度调控　总体上掌握前高后低原则。菌种萌发定植期5～7天，温度控制在28℃左右；菌丝封面期7～10天，温度控制在25℃左右；菌丝快速生长期25～30天，温度控制在21℃左右。

(2)通风换气　总体上掌握先少后多、先弱后强的原则。菌丝封面前，每天中午通风一次，每次1小时；菌丝快速生长期，每天早、中、晚各通风一次，每次1小时，必要时打开门、窗进行大通风一次。后期更要注意加强通风，确保足量空气供应。

(3) 遮光培养　菌袋应在黑暗或暗光条件下，菌丝生长更加健壮，不易老化。强光易诱导耳基形成。

7. 耳场选建

(1)场地选择　耳场应选在地势较高、通风良好、平坦开阔、环境清洁、靠近水源、交通方便的田地，切忌选择地势低洼，环境污染严重的地方。

(2)耳床制作　耳床宽1.2米，长度不限，床间留过道宽0.5~0.6米，过道下挖0.1~0.2米，挖出的土铺放在耳床上，整平拍实。距床面0.5米高搭建遮阴棚，棚上用遮阳网或草帘覆盖保湿、遮光。如果气温长时间超过30℃以上时，可以在遮阴棚上面1米处，用遮光度在85%以上遮阳网搭建二层遮阴棚，用以降温。

(3) 场地设施　黑木耳出耳期对水分需求量很大，华北、东北地区早春气候干旱少雨。一定要事先设计好给水系统。摆袋前就要挖好贮水池，铺设好微喷管道。

(4)耳床消毒　摆袋前，床面还要用克霉灵500倍溶液喷雾杀菌；用氯氰菊酯1 000倍液喷雾灭虫。之后浇一次透水。

8. 扎眼摆袋

(1)菌袋消毒　将长满菌丝的黑木耳菌袋用线绳扎死袋口后，用0.15%高锰酸钾水溶液将菌袋表面擦洗消毒。

(2)打孔扎眼　将经消毒处理过的黑木耳菌袋放入扎眼机内，每个菌袋扎眼80~90个，扎眼距离为1.8厘米，扎眼深度1.5厘米。

(3)摆袋　华中地区的3月中旬至4月中旬，东北、华北地区的4月下旬至5月中旬，旬平均气温稳定在5℃以上时，将扎好眼的黑木耳栽培袋竖立摆放在耳床上。袋口朝上，袋间距10厘米，成“品”字形排列，边摆袋边覆盖塑料薄膜和遮阳网保湿。

9. 催耳　催耳时空气相对湿度保持在80%~90%，保持通风15~20天，在扎眼处出现黑色鱼子状原基。

10. 出耳管理　黑木耳耐旱性强，耳芽及耳片干燥收缩后，在适宜的湿度条件下，可恢复生长发育。干燥时，菌丝生长，积累养分；湿润时，耳片生长，消耗养分。在整个出耳管理过程中，应掌握前干后湿的原则，形成耳芽后保持干干湿湿、干湿交替的环境条件。

(1)耳基期　摆袋后保持床面湿润，控制空气相对湿度保持80%以上，如天气干旱，可向栽培袋上方喷雾状水。经过7~10天，在打孔处形成黑色耳基，并逐渐封住小孔。

(2)耳芽期　耳芽期是代料地栽黑木耳生长的关键时期。将床面空气相对湿度控制在85%左右，保持床面湿润。如床面干燥、耳芽表面不湿润，可在晚间向栽培袋及床面喷雾状水，早晨再喷一次，5~7天后耳基逐渐膨大伸展，形成参差不齐的耳芽。

(3)伸展期　为耳片快速生长阶段,提高空气相对湿度至90%,加强通风,促使耳片迅速生长,7~10天后,耳芽长成不规则的波浪状耳片。

11. 采收、加工　当耳片充分展开,边缘干缩时采收。采收前2~3天,停止喷水。采收时,放一个容器在地上,然后在容器上方,双手握住菌袋轻轻晃动耳片即可落下。将采下的黑木耳子实体清理干净后,摊放在竹帘或窗纱上晒干。

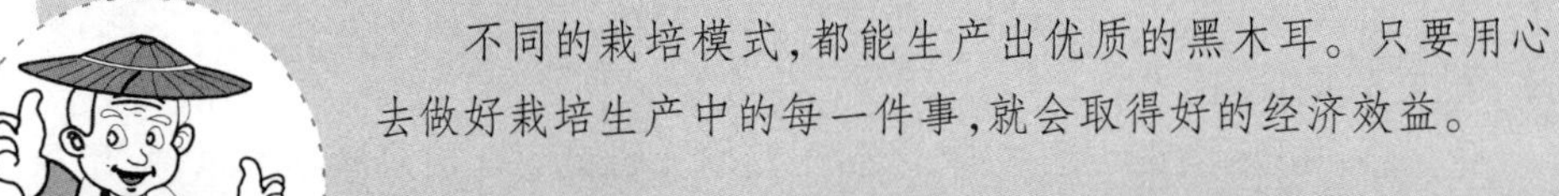

不同的栽培模式,都能生产出优质的黑木耳。只要用心去做好栽培生产中的每一件事,就会取得好的经济效益。

八、不同的栽培模式，优选适栽的品种

黑木耳栽培模式多种多样，不同的栽培模式必须选择相应的栽培品种，才能获得较高的效益。

由于黑木耳栽培模式不同,需根据栽培模式选择相应的栽培品种,才能获得较高的效益。

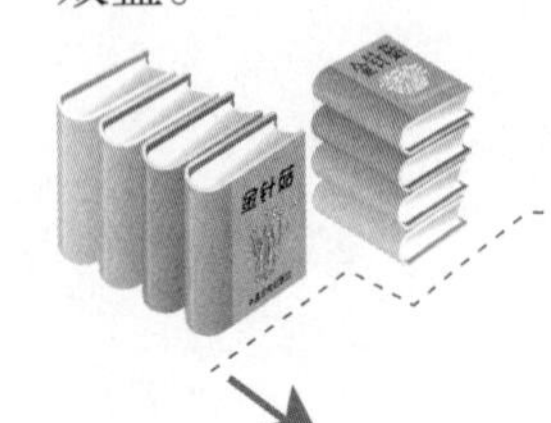

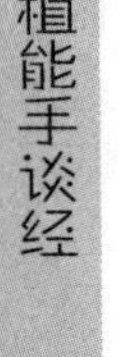

(一)段木黑木耳品种选择

段木的营养成分没有代用料的营养成分丰富,所以,段木栽培黑木耳品种,应选择较耐贫瘠的品种类型。段木黑木耳品种总体要求:菌丝活力旺盛,有特别抗杂能力及适应性,易出耳,易展片,片大,肉厚,高产,色泽褐黑。华中地区栽培段木黑木耳较多,常用的品种有:森源1号菊花状(图175),朵大色黑,开片好,生长快,耳根小,早熟高产;黑单9号单片状(图176),朵大,不流耳,无耳根,适半高山栽培,是目前出口的理想品种。

图175 菊花状段木品种

图176 单片状段木品种

(二)东北地栽黑木耳品种选择

东北地区常用的黑木耳品种很多,通过相关机构审定的品种有Au3、Au8、Au13、丰收1号、丰收2号、黑29、黑916和长白7号等。

其中,Au3、Au8、Au13、丰收1号属于早熟品种,原种长满瓶(袋)后在20~22℃继续培养7~10天再使用。长白7号、黑916、黑29等中、晚熟品种,需继续培养25~40天再使用;因为这类品种在代料栽培过程中,菌丝体长满菌袋后,需再经后熟30~60天达到有效积温后才可进行开袋催耳。

另外,生产规模大的生产者要选择不同熟期的两个或两个以上品种搭配;必须选择抗逆性、抗杂性强的黑木耳品种;根据自身的条件选择菊花状(图177)、半菊花状(图178)、单片状(图179)和贝壳状(图180)等不同类型的黑木耳品种。

图 177　菊花状品种

图 178　半菊花状品种

图 179　单片状品种

图 180　贝壳状品种

（三）立体吊袋黑木耳品种选择

一般情况下，吊袋栽培黑木耳使用的品种也分菊花状（图 181）和单片状（图 182）。这种栽培模式使用栽培袋比地栽模式要小，出耳时吊放的密度较大，所以，这种模式适合选用杂交 22、沪耳 3 号、Au5 等子实体片大、肉厚，腹面黑亮、背面灰色绒毛状，口感脆而不硬，抗逆、抗杂能力较强的黑木耳品种。

图 181　菊花状品种

图 182　单片状品种

行家告诫

段木栽培和代料栽培是两种不同的栽培模式，黑木耳菌丝体生存的环境差距甚远。每一个品种，都是要经过很多次的栽培试验，掌握其生活习性后，才能进行推广应用。没有经过多次试验，绝对不可将段木栽培的黑木耳品种和代料栽培的黑木耳品种混用。

专家点评

九、不同菌袋采用不同的开口方式出耳

不同的栽培模式、不同的品种、不同的菌袋，必须采用不同的开口方式进行出耳，方能生产出最好的产品，获取最高的栽培效益。

黑木耳菌丝体长满菌袋后，要择机科学开口。开口不适宜，会导致不出耳、出耳慢、出耳不整齐等现象发生。根据自己的实际情况选择不同的开口方式出耳，下面就介绍黑木耳小口出耳的三种方式。

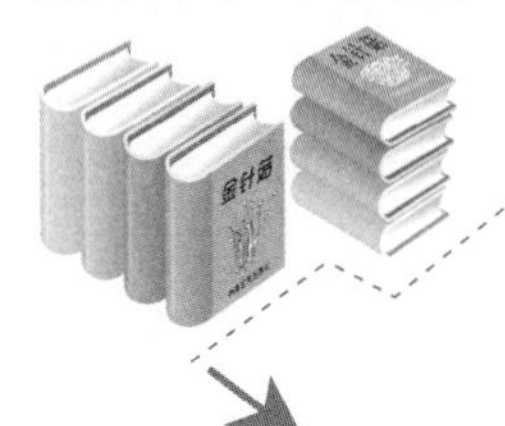

知识链接

(一)开微型小圆口出耳

采用钉板或黑木耳开口机开微型小圆口，开口机见图183，开口直径0.2～0.3厘米，深度0.3～0.5厘米，见图184，18厘米×40厘米的菌袋，开口数量90～120个/袋。开口后的菌袋放在室内继续养菌2～3天即可催耳。

图183　微型小圆口开口机

图184　开微型小圆口的菌袋

开微型小圆口出耳的方法应注意：一是要保证黑木耳菌袋开口数量，否则会造成减产；二是要防止开口过小、过浅，起不到惊蕈作用，可能造成不出耳、出耳慢及出耳不整齐；三是还要防止开口过大、过深，形成的耳基过大而不能通过小口，形成袋内耳现象。

(二)采用三棱刀或菱形刀开口出耳

采用三棱刀或菱形刀制作的开口器或工具(图185)给黑木耳菌袋开口，开口直径0.3～0.5厘米，开口深度0.5～0.8厘米，18厘米×40厘米的菌袋，开口数量为60～90个/袋。

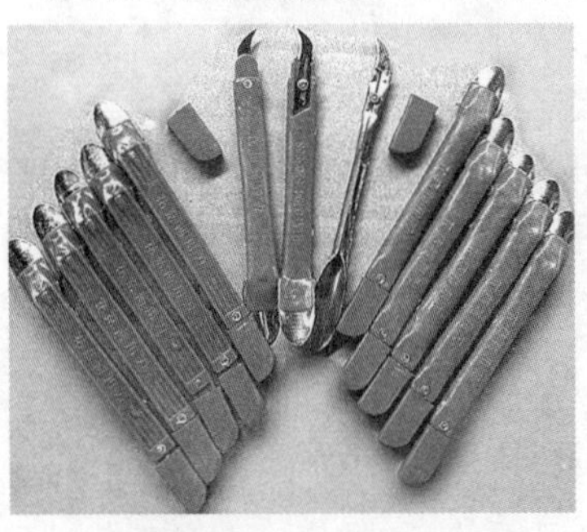

图185　开口刀具

采用三棱刀或菱形刀开口出耳的方法应注意：一是用三棱刀开口器给低压聚乙烯菌袋开口时，由于开口动作快，所开之口因塑料有弹性萎缩变小，不易出耳或容易形成袋内耳，可以适当加大开口直径为0.5～0.8厘米。三棱刀开口器比较适用于聚丙烯的黑木耳菌袋。二是菱形刀开口器适用于各种低压聚乙烯菌袋也适用于聚丙烯黑木耳菌袋，但开口大小一定要把握好，防止开口过大，培养料失水干燥，导致不出耳现象发生。

（三）采用“1”字形开口器开口出耳

用“1”字形开口器在黑木耳菌袋上开“1”形口，“1”字形的开口机（图186），开口长度1.0～1.5厘米，开口深度0.3～0.5厘米（图187），18厘米×40厘米的菌袋，开口数量为60～90个/袋。这种开口方式长出的黑木耳整齐一致，半菊花状。采用这种方式生产的黑木耳，采收后还需趁湿撕片晾晒，而且黑木耳质量一般，优点是不会发生袋内出耳现象。

图186　开“1”字形的开口机

图187　开“1”字形口的菌袋

无论采用哪一种开口方式，都应尽可能地避免开口过大。开小口出耳能有效地提高木耳产品的品质。为了提高产量，可依据使用品种的特性和环境条件适当增加开口的数量。

十、小口出耳三种催耳方式及不出耳处理方法

黑木耳出耳期的催耳环节至关重要，催耳没做好，不但不会顺利出耳，还会弄坏菌袋，造成严重的损失。这里介绍3种不同的催耳方式，读者可以根据自己的实际情况选择使用。

知识链接

（一）室内催耳

1. 室内清洁消毒　清理催耳室内污染菌袋及一切杂物，用50%多菌灵500倍液或0.2%石灰水喷洒整个房间进行消毒。尽量降低室内空气杂菌含量，减少菌袋污染的机会。

2. 菌袋要求　用于室内催耳的菌袋，一定要开口后再养菌2～3天，使其伤口处的菌丝恢复活力，向生殖生长转化。

图188　室内催耳

3. 菌袋摆放　将处理好的黑木耳菌袋间隔8～10厘米，摆放在培养架上（图188）。结合室内杀菌消毒，向地面和墙壁喷水增湿，2～3天喷水增湿1次，保持空气相对湿度在75%～85%。

4. 精调环境因子　增加光照强度至500勒克斯左右；控制温度在28℃以下，白天温度高时要设法降温，夜间温度低时，则可以开窗降温刺激出耳。一般20天即可形成耳基。

（二）室外集中催耳

1. 耳床处理　将耳床整平压实后，用2%石灰水浇1次透水。使用过的旧耳床要喷洒多菌灵500倍液和敌杀死2 000倍液灭菌、杀虫。

2. 菌袋排放　将开口后并再养菌2～3天的菌袋间隔5～8厘米摆放在耳床上（图189）。

3. 消毒处理　喷洒50%多菌灵800倍液消毒，或喷洒0.1%石灰水进行消毒处理。

4. 覆盖保湿　用塑料薄膜覆盖，薄膜上再盖上草帘（秋季）或遮阳网（春季），控温保湿。夜间温度低时可将草帘撤下，并揭开覆盖的薄膜边缘适当通风，降低温度，刺激出耳。

5. 环境调控　温度控制在5～28℃，空气相对湿度控制在75%～85%；适当增加光照强度，刺激出耳。20～25天即可形成耳基。这种方法适用于适合地势高燥以及干旱地区的地栽模式使用。

图 189　室外集中催耳

图 190　室外直接摆袋催耳

（三）室外直接摆袋催耳

1. 耳床处理　参照上述室外集中催耳耳床处理。

2. 菌袋排放　开口处理后，将养菌 2～3 天的菌袋间隔 10～12 厘米摆放在耳床上（图 190）。

3. 消毒处理　参照上述室外集中催耳消毒处理。

4. 精细管理　地栽黑木耳的日常管理主要就是水分管理。菌袋摆放在耳床上后，停水 1～2 天。2 天后开始喷水，喷水在早上 5～8 时，下午 5～7 时温度较低的时段进行，每次喷水 10～20 分，然后停止喷水 30 分进行下一轮的喷水作业。一般，遇上雨天不用喷水，中午高温时段也不喷水，阴天要少喷水。25～30 天后即可形成耳基。这种催耳方式适合在低洼地块或林间使用。

诫告家行

催耳环节对于黑木耳整个栽培过程都非常重要。它关乎着产量的高低和栽培效益的好坏。催耳要综合调控每一个环境因子，更要挑选每一个菌袋，确保它们都已经达到生理成熟，能够顺利出耳。

十一、地栽黑木耳子实体生长阶段干和湿的标准

地栽黑木耳生产最主要任务就是出耳期的水分管理。黑木耳子实体生长发育需要的是干干湿湿的生长环境,我们应该认认真真地在"干"、"湿"两个字上做文章。

地栽黑木耳生产，温度主要靠季节安排，充分利用自然气温；不需要考虑通风问题；光照也基本是靠天然条件。因此说，地栽黑木耳生产主要任务就是水分管理。黑木耳子实体生长发育需要的是干干湿湿的生长环境条件，我们要努力创造适宜的条件供其生长发育。

知识链接

(1)干　干的目的是让胶质状的子实体暂时停止生长，让菌丝体休养生息，分解积累足够的营养物质，然后再继续供应子实体生长所需要的营养。干要干到黑木耳子实体含水量下降到30%以下，肉眼观察已经有些收缩干燥(图191)；空气相对湿度低于70%，菇棚、地面已经显现干燥。但是，干并不是要停水，很长时间不给水，而是每天看情况减少给水次数，或白天停水，傍晚给水。这里需要提到的是：有些生产者栽培的黑木耳产量低、杂菌发生严重的原因多半是因为干没干透、湿没湿透，使菌丝体难以及时复壮，一直处于疲劳状态，假长状态，活力下降，抗杂能力弱。干的目的还是要让子实体恢复生机，更好地生长。

图191　耳片边缘干燥收缩

(2)湿　湿的目的则是让暂时处于被抑制状态的黑木耳恢复生长。湿的原则是要求空气相对湿度95%，做到棚湿、地湿、空气湿，促使子实体快速生长；子实体吸足水分，形态饱满、水灵、边缘直立，含水量在90%以上，见图192。菇房、菇棚等设施栽培的黑木耳对于湿的控制应该没有问题；地栽的黑木耳，如果遇上多风、干燥的天气，即使加大喷水量，小范围地增湿难以抵抗大自然的干燥，很难保证空气相对湿度达到95%。最好充分利用阴雨天，在适宜条件下，耳片3天即可长大。

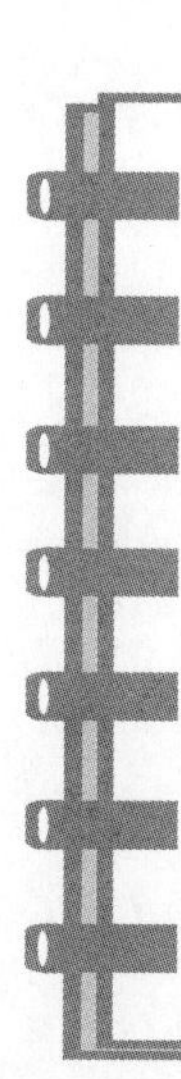

图192　耳片吸足水分

干干湿湿是生产优质黑木耳的灵魂。每一位生产者都要把这几个字拿捏好,才能获得好的效益。

专家点评

十二、袋栽黑木耳生理性病害的诊断与防除

黑木耳生理性病害是由于不良的环境条件胁迫，使得黑木耳菌丝体和子实体生理上发生改变导致的一类病害。危害十分严重，但又可防可控。读者需要了解黑木耳常见的生理性病害的诊断方法和防控技术，以期能收到良好的效果。

前面两位种耳能手已谈到了黑木耳生理性病害，袋栽黑木耳在漫长的生长发育过程中，管理稍有不慎，就会出现不适宜的环境条件，便会引发生理性病害。在同一环境条件下，同一种病害发病率极高，危害严重，但这类病害是可防可治的。

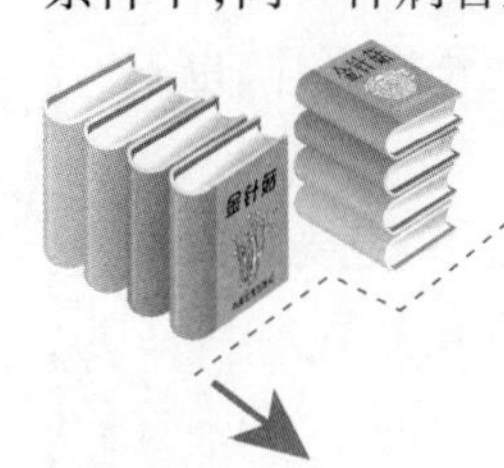

知识链接

（一）菌丝生长缓慢

1. 病状　木耳菌袋内菌丝生长稀少、缓慢、纤弱无力。

2. 发病原因

（1）水分失调　培养料含水量过高易引起菌丝吸水膨胀，严重时可引起菌丝死亡；含水量过低时，培养料营养难以转化，造成菌丝营养缺乏，同时低水分可使菌丝干枯，生长停止。

（2）酸碱度失衡　培养料酸碱度过大或过小，pH >7 或 <5 时对菌丝生长不利，严重时可导致菌丝死亡。

（3）氧气缺乏　培养室内通风不良，严重缺氧时，菌丝不能正常吸收氧气而窒息，其生长速度明显下降。

3. 防治方法

（1）调节水分　调节培养料含水量，使之保持在55%～65%，低于50%或高于70%都会出现病态。

（2）调整酸碱度　木耳菌丝生长的最适 pH 为 6～6.5，严禁过高或过低。

（3）加强管理　加强培养室的温度、湿度、通风换气管理，为木耳菌丝正常生长提供优越的环境条件。

（二）菌丝衰老

1. 病状　木耳菌袋生长到一定程度，遇上高温，会大量吐黄水，进而菌袋变软，失去使用价值。

2. 发病原因

（1）菌丝老化　培养料含水量过低，菌丝生长速度慢，生长期延长，导致老化，失去活力。

（2）温度过高　菌丝处在30℃以上的高温，会使分泌的水解酶失去活性，同时细胞膜结构受到破坏，细胞内外物质交换失控，代谢紊乱，生命力丧失。

3. 防治方法

(1)合理安排茬口　合理安排栽培季节,使木耳菌袋开袋出耳时有适宜的菌龄(40 ~50 天),切勿在木耳菌丝未达生理成熟时就开袋出耳,也不能使木耳菌丝过于老化。

(2)控制温度　发菌期温度不能高于 30℃,若遇高温时,一定要采取各种有效降温措施,确保培养室温度能适宜木耳菌丝体生长发育。

(三)珊瑚耳状

1. 病状　木耳子实体耳朵中心有硬块,木耳变成珊瑚状,子实体不开片。

2. 发生原因

(1)二氧化碳浓度过高　通风不良,会使二氧化碳逐渐积累,过多的二氧化碳可在培养基中溶解而生成碳酸和碳酸氢盐,对菌丝造成毒害。

(2)光照强度不够　黑木耳子实体生长需要较强的光照,光照强度低于 400 勒克斯,木耳子实体生长失衡,也极易引起此病的发生。

3. 防治方法

(1)加强通风　精细管理,做好通风换气工作,保持耳房内空气清新。

(2)增加光照　在综合协调温度、湿度、通风等环境因子的前提下,尽量提高光照强度,确保光强在 400 勒克斯以上。

(四)烂袋

1. 病状　木耳菌袋划口开始出耳后不久,袋内积水,菌丝会因通气不良而死亡,随之菌袋腐烂(图 193)。黑木耳栽培过程中,发生烂袋是导致栽培失败的主要原因。

图 193　烂袋

2. 发生原因

(1)用水管理不当　黑木耳菌袋开口后,唯恐开口处菌丝失水,而向菌袋大量喷水,使菌袋开口处严重积水,而导致菌丝缺氧死亡。原基形成期,木耳原基未封住开口,调水过急,水流进或渗入开口内,造成感染。原基分化期,刚形成的子实体原基处于嫩芽状态,这一时期如果培养料含水量过高或耳房空气相对湿度过大,子实体原基会因吸水过多而发生细胞破裂,菌袋开口处附近的菌丝体也停止生长或死亡,形成的子实体原基失去菌丝营养应而停止生长，造成霉菌感染或流耳。

（2）品种选择不当　段木栽培和代料栽培的黑木耳所处的生长环境是不同的，所用品种的生物学特性也是差别很大的。如果不经过适应性和抗杂性试验，就盲目地将良好的段木栽培黑木耳品种，应用于代料栽培黑木耳上，菌种难以适应代用培养料中高营养、高湿度的环境，正常的生命活动受到抑制，感染杂菌，发生烂袋。

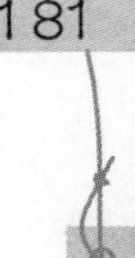

（3）栽培季节安排不当　如果春栽黑木耳制袋接种期安排过迟或秋栽黑木耳制袋接种期安排过早，会使黑木耳菌袋养菌期间受到高温困扰。极端高温条件下，黑木耳菌丝体细胞壁遭到破坏，细胞质渗漏，整个菌丝体都被黏液包围，生理活动受到限制，菌丝濒临死亡，各种杂菌趁机侵染。即便是在人工创造的条件下，菌袋勉强完成发菌，出耳期间也一定是30℃以上高温天气，黑木耳子实体分化困难，菌丝体停止生长，不出耳或发生流耳现象，杂菌趁机感染菌袋，引起菌袋局部或全部变软腐烂。

（4）养菌管理措施不当　黑木耳料袋冷却至30℃时，即应抢温接种，利用余热促使黑木耳菌丝体快速发菌。如果发菌前期培养室温度过低，菌种块难以萌发吃料，引起部分接种穴菌种块死亡，感染杂菌。发菌后期，气温渐渐升高，加上菌丝体呼吸作用放出热量，当气温超过25℃时，没有及时采取通风降温措施，就会发生烧袋现象。另外发菌期间通风不良，不能有效地排出培养室内的一氧化碳和其他有毒气体，使菌丝活动受阻，活力下降，也会引起杂菌感染。

（5）栽培场所处理不当　生产中难免会重复使用旧耳房，这类场所在生产过程中会遗留很多的培养料、子实体及其他污染物，如果不能彻底消毒，环境中杂菌基数太大，稍有不慎就会引起菌袋污染。有的耳房靠近污染源或使用了被污染的水，直接产生杂菌，引起菌袋腐烂，造成经济损失。

（6）通风管理不当　耳房四周覆盖物太厚，掀盖不及时，致使耳房内通气不畅，一氧化碳和其他有毒气体积聚，黑木耳菌丝体生活力下降，子实体生长缓慢或停止生长，为杂菌生长繁殖提供了可乘之机，发生烂袋或流耳现象。

（7）采耳时机不当　黑木耳子实体营养丰富且又是胶质体，生长到一定阶段，就要及时采收。采收不及时，子实体老化变薄，失去弹性，不但质量差，而且极易被霉菌感染，造成流耳、烂袋现象。

3. 防治方法

（1）规范菌袋开口作业　木耳菌袋划口宜采用“V”字形口或微型口，减少多余水分进入菌袋，并且划口宜小不宜大，两边加长1.5～2厘米，夹角50°～70°；最好采用大头针刺微型孔。

（2）优化用水管理　木耳菌袋划口后，每天在棚内的地面、空间喷雾来增加空气相对湿度,使之迅速形成耳芽。切勿直接向菌袋喷水,以防造成烂袋。

(3)优选黑木耳菌种　①要选择适宜代料黑木耳生产使用的品种,如生产中表现较好的 Au3、Au8、Au12、丰收 1 号、吉杂 1 号等。②要选择菌龄在 35～45 天,发菌良好,菌丝洁白,生长粗壮,抗杂性强,产量高,耳片大、肥厚、颜色深的黑木耳菌种。

(4)科学安排栽培季节　黑木耳栽培分春栽和秋栽,春栽一般安排在 1～3月制袋接种。气温过低时,必须采取加温措施,保证培养室内温度在 25℃左右;也可以在当地旬平均气温上升到 20℃往前推 60～65 天接种,不同地区应根据海拔高度不同适当提前或推后。秋栽接种期一般安排在 8～9 月,当气温低于 30℃时接种,不要制袋过早,避免高温导致烂袋。

(5)统筹养菌环境　黑木耳菌丝在发菌阶段不需要光照,完全黑暗的条件下,黑木耳菌丝体生长更好。发菌期培养室温度控制在 24～26℃较为适宜。秋栽黑木耳在发菌的前期和春栽黑木耳在发菌的后期,当气温超过 25℃时,每天至少应给培养室通风 2～3 次,每次 40 分;且温度过高的晴天必须在早晚进行通风,降低培养室温度。春栽黑木耳在发菌前期,当气温低于 20℃时,应给培养室加温,维持培养室温度在 22～26℃。

(6)科学管理出耳　黑木耳子实体在不同的生长阶段对温湿度和通风的要求是不同的。原基形成期,耳房温度控制在 18～22℃,保持空气相对湿度在 80% 左右,并适度通风。原基分化期,珊瑚状耳芽相当幼嫩,菇棚温度保持在 20～24℃,保持空气相对湿度 80%～90%。此时如果湿度过大,应立即停止喷水 3～5 天,耳基稍干后再喷水。在子实体生长阶段,为促进耳片快速生长,耳房温度宜保持在 20℃左右,坚持三干七湿的原则,加大通风,干干湿湿,干湿分明。

(7)清理消毒栽培场所　若使用旧出菇棚时,应彻底清除残留物,并对菇棚进行消毒,同时注意使用安全、无污染的水源,以免产生杂菌污染。

(8)适时采收　当黑木耳耳片充分展开,边缘变薄,耳根收缩,七八分成熟时采收。采收时一手握住菌棒,一手捏住耳根,轻轻旋转,不能在菌棒上留有耳蒂,以免引起杂菌感染。

(五)烂耳

1. 病状　木耳子实体生长至显出耳片后,从耳根或边缘逐渐变软,进一步就会自溶腐烂,流出乳白色、黄色或粉红色黏稠状汁液。耳穴腐烂后,即不再出耳,一般可导致产量损失 20%～90%。

2. 发生原因　木耳烂耳是因为细胞充水而破裂的一种生理障碍现象。造成烂耳的原因较多,主要有以下 3 个方面:

(1)湿度过大　黑木耳在接近成熟时期,不断地产生担孢子,消耗子实体内的营养物质,使子实体趋于衰老,此时,遇到过大的湿度极易腐烂。

(2)温度过高　在温度较高时,特别是在湿度较大,光照和通风条件较差的情况下,更易发生子实体溃烂。

(3)培养料 pH 与温差　pH 过高或过低,温差过大等也是造成烂耳的原因。

3. 防治方法

(1)选好耳场　所选耳场必须配备良好的通风设施,加强栽培管理,注意通风换气和光照供给等,是预防烂耳的前提。

(2)加强采收期水分管理　耳片接近成熟,应及时采收,采耳后停止喷水,养菌 3 ~5 天后,再行管理出耳。

(3)调控温度与 pH　在木耳的生产发育过程中,创造适宜的温度与 pH,有利于其正常生长。

(六)耳片黄化

1. 病状　木耳耳片能正常发育,长大伸展,厚度尚可,但耳片颜色看上去透亮不黑,并略带黄色。

2. 发生原因　①耳片颜色浅而发黄,主要原因是棚内光照强度过低,耳片不能正常形成黑色素。②选用品种不当也会引起此病。

3. 防治方法

(1)提高光照强度　搞好菇棚遮阴设施,使木耳处在三分阴七分阳的光照环境中为好。研究发现:木耳子实体在 15 勒克斯以下的光照条件下,呈现白色;在 200 ~400 勒克斯的光照条件下,子实体呈浅褐色;在 400 勒克斯以上的光照条件下,子实体生长健壮、肥厚、色黑。因此,木耳耳片出现后,在保证温湿度适宜的条件下,尽量减少覆盖物,给予充足的散射光。

(2)合理选种　选择适宜的木耳菌株,代料栽培和段木栽培的菌株未经试验,决不能混用。

(3)及时补光　如发现木耳颜色浅而发黄,应及时给予充足的散射光,随耳片的日渐长大,颜色会逐渐变黑。

(七)薄片耳

1. 病状　木耳子实体开片早,耳片薄而小,颜色浅、质量差。

2. 发生原因

(1)培养料含水量低　培养料含水量过低,使酶的活性降低,菌丝分解利用营养物质的能力丧失。

(2)培养料营养缺乏　培养料营养缺乏,不能供给子实体充足的营养,子实体不充实而形成薄片耳。

(3)菌丝老化　菌袋内菌丝老化,生活能力减弱,不能供给子实体生长

所需的养分和水分。

(4)温度过高　温度过高使木耳子实体生长速度加快,在子实体内有机物还未来得及积累成干物质时,就已迅速长大。

3. 防治方法

(1)严格按要求配料　加强制袋期管理,按配方要求对料,控制培养料pH,含水量,碳氮比等指标在适宜水平,以利出耳期能充分地供给水分和营养。

(2)加强日常生产管理　做好日常管理工作,控制好棚内温、光、气、湿等生态因子,为生产优质木耳提供良好的环境条件。

(八)转茬期菌袋发生污染

1. 病状　正常情况下,黑木耳菌袋能出3茬耳。但有些菌袋刚采收头茬耳,没等2茬耳长出就感染了杂菌。

2. 发生原因

(1)暑期高温　黑木耳菌丝体生长的温度是4~32℃,如果菌袋内温度超过35℃,菌丝就会死亡,逐步变软、吐黄水,采耳处首先感染杂菌。

(2)采耳过晚　当黑木耳耳片充分展开,边缘变薄,耳根收缩时及时采收。这时采收的黑木耳弹性强、营养不流失,质量最好。

(3)上茬耳根或床面没清理干净　黑木耳子实体成熟度不够,采收时稍有不慎,就会扯断耳片,在菌袋上残留的耳根,伤口外露,易感染杂菌。

(4)菌丝体断面没愈合,过早浇水催耳　采耳时要求连根拔下,不留根基。有时会带起培养料,菌丝体产生了新断面,在未恢复时,抗杂能力差,急于浇水催耳,容易产生杂菌感染。

(5)草帘霉烂　由于草帘发生霉烂而传播了杂菌。

(6)采耳后菌袋未经光照干燥,草帘或床面湿度大　二茬耳还未形成前,菌丝体应有个愈合断面、休养生息、高温低湿的养菌阶段。倘若此时草帘或床面湿度大,又紧盖畦床,菌袋潮湿不见光,很易产生杂菌污染。

3. 防治方法　针对不同的致病原因,采取相应的防治方法。

(1)综合协调环境因子　综合调控耳房内的温度、湿度、空气和光照四大环境因子,保证黑木耳菌袋能在适宜的环境条件下健康生长,抵御外来的杂菌污染。

(2)加强采收期管理　黑木耳应及时采收,采收时,掀开草帘,让阳光照射,使子实体水分下降、适度收缩,采收时不易破碎,容易连根拔下。无残留耳根,避免杂菌滋生。采收后应停水2~3天,再进行下茬耳的管理。

(3)曝晒草帘　草帘要定期曝晒和消毒,防止潮湿发霉。必要时,床面也应彻底地晾晒杀菌。

(4)菌袋晾晒　采耳后,菌袋要晒3~5小时,使采耳处干燥,也能起到应有的杀菌作用。但要防止温度过高或光照太强灼伤菌袋。晒完的菌袋,盖上晒干的帘子,养菌7~10天。

黑木耳的某些生理性病害，并非无药可治，随着环境条件的改善，病情可以逐步逆转，子实体恢复正常生长。所以，一旦发现有生理性病害发生，一定要及时进行诊治。

专家点评

十三、黑木耳病虫害无公害综合防治措施

生产上要注意综合运用生态、生物、物理、化学等防治技术。在保证黑木耳产品食用安全的前提下,做好病虫害防治工作。

食用菌病虫害主要在防，而不是治，黑木耳也一样。病虫害一旦发生，很难处理干净，而且肯定已经造成损失。因此，黑木耳的病虫害的防治更强调预防为主、防重于治、综合防治的原则，以选用抗病虫能力较强的优良品种、科学合理的栽培管理措施为基础，从生产全局出发，制定一套经济有效、切实可行的防治策略，将生态防治、物理防治、生物防治、化学防治等多种有效防治措施配合使用，形成全面、有效、科学、经济合理的防治体系，既达到控制病虫危害的目的，又能促进黑木耳优质、高效。

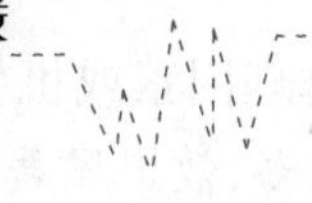

1. 生态防治

（1）防治机制　就是通过控制黑木耳在培养过程中的生态环境条件，促使黑木耳快速健壮生长，控制杂菌的生长繁殖，最终达到促耳抑病的目的。生态防治应根据黑木耳的不同品种、对温度的适应特点，掌握好制种和栽培季节，科学配制培养料，积极创造有利于菌丝和子实体生长发育的环境条件。

（2）防治措施

1）场地需求　耳场要选在远离垃圾、仓库、饲料场等污染源，交通方便，近水源，水质无污染的地方。合理规划生产场所。把原料库、配料厂、肥料堆积场等感染区，与菌种室、接种室、培养室、出菇棚等易染区隔离，防止材料、人员、废料等从污染区流动到易染区。因此，培养室应与耳场、菇棚分开，采用两场制，以减少培养期污染。建立长效的保洁制度。室内要经常消毒，室外要无杂草和各种废物，不乱倒垃圾，及时清理耳场。

2）原料与设施要求　选用优质原料，严格灭菌杀虫，搞好栽培场所环境卫生，杜绝病虫害污染源，并配套良好的生产设施。如空调、电冰箱、培养箱、灭菌设备、接种设备、培养设备、出耳设施等，以有效控制温度、湿度、光照、通气，尽量减少杂菌污染和病虫害的发生，为黑木耳生长创造良好的生态环境。

3）栽培措施　到正规单位购买信誉度高、品牌正的菌种。母种传代不要超过3代，栽培种由原种转接而来，不要由栽培种再次转接作栽培种。优质菌种的感官特征应是：菌丝健壮不老化、纯净无污染。选用抗病虫、抗逆性强的优良品种和适龄、生命力强的菌种。基质灭菌彻底，适当加大接种量，适温促进菌丝快速萌发。采收后要及时清理料面、耳根、烂耳等废物，然后集中深埋或烧掉，不可随意扔放，并进行场地消毒。科学用水，避免向子实体直接喷水。

4）合理轮作　食用菌栽培实践证明，在同一棚内连续栽培同一耳类，极易引发杂菌污染，且一次比一次严重。不同耳类，或同一耳类的不同品种之间，能产生具有相互拮抗作用的代谢产物，对病虫害及杂菌有一定的抑制和杀灭作用。据此合理轮作，能起到较好的预防效果。

2. 物理防治

（1）防治机制　是指采用物理因素或机械作用消灭病原菌和虫源，达到防病、杀虫的目的。此法优点多，效果显著，基本无副作用，易于操作，是目前应用最广的防治方法，包括一些传统的方法和现代科学技术。

（2）防治措施

1）规范操作程序

A. 生产原料要新鲜，贮藏的培养料在使用之前，在强光下暴晒杀灭培养料中的霉菌孢子和虫卵。拌料场所、工具要清洁卫生。科学选择配方，规范拌料程序，保证培养料含水量均匀一致。强化基质灭菌，无论采用常压灭菌还是高压灭菌，都必须保证菌袋的熟化和无菌程度，切实杀死基质内的一切微生物菌体和芽孢。使用的菌袋韧性要强，无微孔，封口要严，装袋时操作要细致，防止破袋。

B. 严格无菌操作。菌种生产要按照无菌操作程序进行，层层把关，严格控制，才能生产出纯度高、活力强的菌种或菌袋。在黑木耳生产中，采用接种箱或接种室接种，都必须有专人监督菌种清洗、熏蒸消毒、接种工具和场地的清理工作。

C. 杜绝外界侵害。在发菌过程中，严格防止杂菌、害虫侵入菌袋。设置屏障将病虫源拒之室外，室内的门窗要安装防虫网或纱窗等，出入耳房随手关门，防止蝇、蚊成虫飞入。防空洞、地下室进门处留一段黑暗区，内外各安一道门帘，以防飞虫乘隙而入，将虫源和病害带入耳房。菌种或菌袋在菌丝培养过程中要避光，温度应控制在 20～26℃，防止温差过大引起菌袋表面结露，造成杂菌污染。培养室要有专人管理，经常检查、消毒和通风，尽量减少闲杂人员进入培养室，减少人为传播机会。

2）科学防虫　黑木耳在菌丝培养和出耳过程中，一旦出现虫害，可利用蚊、蝇和蛾的趋光性，用黑光灯、节能灯、杀虫灯诱杀，如在耳房内装黑光灯，在灯下放置加入少量敌敌畏的废料浸出液，可诱杀蚊、蝇和蛾类成虫。也可利用害虫对某些食物、气味的特殊嗜好诱杀，如菇蚊和螨虫对糖醋液、饼粕等有强烈的趋性，可用糖醋液、饼粕诱杀。方法是在菌袋上铺若干纱布，纱布上喷少许糖醋液或撒一层炒熟的饼粕粉，螨类闻到酸、甜、香味后便会聚集于纱布上取食，此时将纱布连同螨虫一起放入沸水中浸烫。

3. 生物防治

(1)防治机制 是指利用某些有益生物,杀死或抑制害虫或有害菌,从而保护黑木耳正常生长的一种防治病虫害的方法,如利用捕食性昆虫或寄生性昆虫等,或利用微生物如细菌、真菌、病毒消灭害虫及生物代谢产物等。生物防治在黑木耳上应用还处于起步阶段,但应用前景乐观,此法对人、畜、黑木耳均较安全,对防治对象选择性很强,对其他生物无伤害,对环境无污染,可避免使用农药带来的副作用,能较长时间作用于病虫害,不产生抗体,生产简单、方便。

(2)防治措施

1)捕食 在自然界有些动物或昆虫可以以某种(些)害虫为食物,通常将前者称作后者的天敌。有天敌存在,就自然地压低了害虫的种群数量(虫口密度),如蜘蛛捕食蚊、蝇等,蜘蛛便是蚊、蝇的天敌。

2)以菌治菌 如黑木耳细菌性烂耳病,喷施青霉素溶液防治效果较好。防治其他细菌性病害,可用100～200毫克/千克农用链霉素进行喷施防治。

3)以菌杀虫 利用苏云金杆菌制剂防治蚊蝇、螨类、线虫,杀虫效果良好。其他还有利用白僵菌、绿僵菌等寄生菌的寄生起到杀虫作用。

4)拮抗作用 由于不同微生物间的相互制约,彼此抵抗而出现一种微生物抑制另一种微生物生长繁殖的现象,称作拮抗作用。利用生物之间的拮抗作用,可以预防和抑制多种杂菌,如选用抗霉力强的优良菌株,就是利用拮抗作用的例子。

5)占领作用 栽培实践表明,大多数杂菌更容易侵染未接种的培养料,包括堆肥、段木、代料培养基等。但是,当食用菌菌丝体遍布料面,甚至完全吃料后,杂菌较难发生。因此,在菌种制作和食用菌栽培中,常采用适当加大接种量的方法,让菌种尽快占领培养料,以达到减少污染的目的。这就是利用占领作用抑制杂菌的例子。

6)植物制剂 用0.1%鱼藤精可杀死跳虫及菇蝇幼虫。在耳床上撒一层除虫菊或烟草粉末来防治跳虫;用0.125%～1.25%大蒜提取液防治青霉、曲霉、根霉、木霉等。

4. 化学药剂防治

(1)防治机制 化学防治的应作是其他方法失败后的一种补救措施,是指用化学药剂预防和杀灭病虫害的方法。此法见效快、操作简单、使用方便、能在病虫害大量发生时较快控制局面,但因黑木耳出耳周期短,药物喷施后易在耳体内残留,食后对人有一定的毒副作用,加上目前选择性农药不多,防治病虫害的农药也会对黑木耳本身及人、畜、环境等产生不同程度的影响。目前世界各国对各种食用菌的质量检验都非常严格,农药残留将会严重影响市场竞争力。因此,应作为一种辅助防治方法。

(2)防治措施

1)合理用药

A. 选用高效、低毒、残效期短、对人、畜和黑木耳无害的农药。不允许超剂量、超浓度使用高效低毒农药。使用农药时,应根据防治对象和病虫害发生程度,选择药剂种类和使用浓度,尽量局部使用,少量使用,防止农药污染扩大。

B. 黑木耳生长期不得施用化学农药防治病虫害,要等到采收后才能施用,以免造成残毒,影响黑木耳品质。

C. 使用农药要熟悉其性质,不能滥用,尽可能使用植物性杀虫、杀菌剂和微生物制剂,做到既能防病治虫又能保护天敌。

D. 严禁将剧毒农药应用于拌料、堆料及喷洒耳体和料面。禁止使用劣质农药。

2)彻底消毒　在栽培室使用前,床架、墙壁、地面要彻底消毒、杀虫,要特别注意砖缝、架子缝等处容易藏匿害虫的地方。对发病严重的老菇房要进行密闭熏蒸消毒 48 ~72 小时后再启用。

5. 黑木耳常用消毒及杀菌剂的使用方法(表 7)

表 7　黑木耳常用消毒及杀菌剂的使用方法

产品名称	防治对象	使用方法
福尔马林(含量 37% ~40%)	真菌、细菌、线虫	室内熏蒸消毒。1 米^3 空间用 8 ~10 毫升加热蒸发,或加入 4 ~5 克高锰酸钾进行化学反应,气化熏蒸 12 小时
苯酚(又名石炭酸)	真菌、细菌	3% ~5% 水溶液,用于无菌室、培养室、生产车间等喷雾消毒及接种工具的消毒
高锰酸钾	真菌、细菌	与福尔马林混合进行熏蒸消毒,或用 0.1% 水溶液对工具、环境消毒
漂白粉(含氯 25% ~32%)	真菌、细菌	用 3% ~4% 水溶液喷雾消毒接种室、培养室、冷却室和生产车间等,如在 4% 水溶液中加入 0.25% ~0.4% 硫酸铵有增效作用
漂粉精(含氯 80% ~85%)	真菌、细菌、藻类	用 0.3% 浓度处理喷耳用水,1% ~2% 水溶液喷雾消毒接种室、培养室、冷却室和生产车间等
二氯异氰尿酸钠(含氯 56% ~64.5%)	真菌、细菌、藻类	属有机氯,性质稳定,具有很强的氧化性,杀菌效果好,无残留,是烟雾消毒剂的主要成分。可用 0.1% 浓度处理喷耳用水,0.3% ~0.5% 水溶液消毒接种室、培养室、冷却室和工具等
新洁尔灭	真菌、细菌	20 倍溶液用于洗手、材料表面及器械消毒

续表

产品名称	防治对象	使用方法
二氧化氯	细菌、真菌、线虫	培养室、栽培室床架、地面等，喷洒0.5%～1%水溶液消毒，或用2%～5%水溶液表面消毒
酒精(75%)	细菌、真菌	接种时手表面擦拭消毒，母种、原种瓶表面消毒，接种工具表面消毒
氨　水	菇蝇类、螨类	17倍液耳棚熏蒸，室外半地下式栽培地面喷洒，50倍液直接喷洒
烟雾消毒剂	真菌、细菌	接种室(箱)、栽培室空间熏蒸消毒，用量为3～5克/米^3
石　灰	霉菌、蛞蝓、潮虫	栽培室及工作室地面消毒，培养料表面患处直接撒粉，培养料拌入，配制石硫合剂或配制5%～20%水溶液直接喷洒
硫　黄	真菌、螨类	用于接种室、栽培室空间熏蒸消毒，用量为15克/米^3，配制石硫合剂
来苏儿(50%酚皂液)	细菌、真菌	1%～2%用于洗手或室内喷雾消毒，用3%溶液进行器械及接种工具浸泡消毒
硫酸铜	细菌、真菌	20倍液用于洗手消毒，材料表面及器械消毒
克霉灵	真菌、细菌	300倍液用于环境消毒，1 000倍液处理喷洒用水
克霉灵Ⅱ型	真菌	300倍液用于黑木耳软腐病、绿霉病等真菌性病害的治疗，600倍液预防病害发生
万菌消	真菌、细菌	600倍液用于培养室、栽培室等消毒，1 200倍液治疗子实体黑斑病、锈斑病，2 000倍液处理喷洒用水
霉斑净	真菌、细菌	300倍液用于子实体斑点病的治疗，800～1 200倍液处理喷洒用水
50%多菌灵	真菌	1 000倍液拌料，600倍液料面、墙壁、空间喷洒
70%甲基硫菌灵	真菌	栽培料干重的0.1%拌料，800倍液料面、空间喷雾
75%百菌清	真菌	800倍液喷洒培养架、栽培架、墙壁、空间等
45%代森锌	真菌	500倍液耳房、料面喷洒，1 000倍液拌料

6. 黑木耳常用杀虫剂及其用法(表8)

表8 黑木耳常用杀虫剂及其用法

产品名称	防治对象	使用方法
80%敌敌畏	菇蝇、蚊、螨、跳虫	用棉球蘸50倍液后悬挂在菇房熏蒸,1 500~2 000倍液喷雾,不得向料面、耳体喷施,否则易造成药害
蜗牛敌	蜗牛、蛞蝓	每10千克炒麸皮,或豆饼加0.3~0.6千克蜗牛敌制成毒饵诱杀
菊酯类	菇蝇蚊、螨	1 500~3 000倍液喷洒菇房、培养室等
50%辛硫磷	蝇蚊、螨类	1 500~2 000倍液喷洒菇房及周围环境
线虫清	线虫	每吨干培养料拌入粉剂30克
73%克螨特	螨类	1 000~1 500倍液,喷洒菇房、培养室、原料仓库等
锐劲特	线虫、菌蛆蝇蚊、螨类	1 000~1 500倍液喷洒,菇房、培养室及周围环境杀虫
敌菇虫	菇蚊、螨虫线虫、菌蛆	600倍液喷洒耳房、培养室及料面,杀虫效果好,无残留,不影响黑木耳现蕾出耳
20%二嗪农	菇蚊、螨类	每吨培养料用20%乳剂0.7千克拌料,1 000倍液料表面喷雾
灭幼脲	菇蝇、蚊	每吨培养料拌入250毫升或1 500倍喷雾
虫螨杀	菇蝇、螨虫线虫、菌蛆	用600倍液喷洒菇房、培养室及料面,杀虫效果好,无残留,不影响黑木耳现蕾出耳
虫立杀	菇蝇、蚊、螨类	该产品每袋净含量10克,加水2~2.5千克,混匀后喷洒菇棚墙壁、地面及发菌的料袋,可使菌袋在整个发菌期不受蝇、蚊、螨侵害
红海葱	鼠害	9份谷物或麦粉,加入1份红海葱、适量植物油,用水调制毒饵

7. 无公害黑木耳生产禁用农药　按照《中华人民共和国农药管理条例》剧毒、高毒、高残留农药不得在蔬菜生产中使用,黑木耳作为蔬菜的一部分应参照执行,不得在培养基中加入或在栽培场所使用。剧毒、高毒、高残留药物有甲拌磷、乙拌磷、久效磷、对硫磷、甲基对硫磷、甲胺磷、苏化203、甲基异柳磷、治螟磷、氧化乐果、磷胺、地虫硫磷、灭克磷、水胺硫磷、氯唑磷、硫线磷、、滴滴涕、六六六、林丹、硫丹、杀虫脒、磷化锌、磷化铝、呋喃丹、三氯杀螨醇等。

用药注意事项：第一，黑木耳是一种真菌，凡能杀死病菌的药剂，均可杀死黑木耳菌丝体。所以，黑木耳病虫害应以预防为主，以治疗为辅。第二，用药要安全。从使用农药品种到使用农药浓度，都应严格按有关标准执行，确保黑木耳产品的食用安全。

附录　黑木耳食用指南

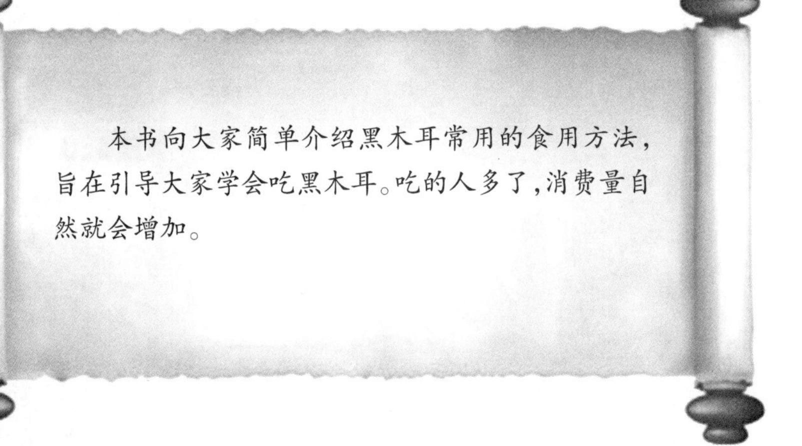

本书向大家简单介绍黑木耳常用的食用方法，旨在引导大家学会吃黑木耳。吃的人多了，消费量自然就会增加。

在食用菌大家族中,黑木耳是栽培历史最悠久,栽培范围最广泛的一种食用菌。随着人民生活水平的提高和饮食结构的改善,作为“黑色食品”的黑木耳,以其脆嫩爽滑的口感备受人们的重视,逐渐成为大众餐桌上食用最多的一种食用菌。

谈到黑木耳的食用,不得不提到它的口感和价值。黑木耳作为一种食材,不仅是烹调原料,还具有药用价值。黑木耳含有丰富的植物胶原成分,具有较强的吸附作用,对无意食下的难以消化的头发、沙子、金属屑以及 PM2.5 微粒等异物也具有吸附与氧化作用。经常食用黑木耳能清胃涤肠,特别是对从事矿石开采、冶金、水泥制造、理发、面粉加工、棉纺毛纺等空气污染严重工种的工人,能起到良好的保健作用。黑木耳中含有一种抑制血小板聚集的成分,其作用与小剂量阿司匹林相当,具有较好的抗血凝、血栓,降血脂、血黏度,软化血管,使血液流动顺畅,减少心脑血管病发生的作用。

黑木耳含铁比例比肉类高 10 倍,比绿叶蔬菜中含铁量最高的菠菜高出 20 倍,比动物性食品中含铁量最高的猪肝还高出约 7 倍,是各种荤素食品中含铁量最多的,具有较强的补血作用。另外,脂质过氧化与衰老有密切关系,黑木耳还有抗脂质过氧化的作用,使人延年益寿。因此,中老年人经常食用黑木耳,对防治多种老年疾病都有很好的效果。

用脆嫩爽滑的黑木耳作为食材,几乎可以跟所有的食材相搭,很好配菜。烹制的菜肴,菜式多种多样。作为食用菌生产者的我们,如果能常用自己亲手种出来的黑木耳烹制美味菜肴,在家里招待亲朋好友,是展示自己烹饪技能的好机会,也不失为时尚的待客之道。为此,作者收集整理了这 79 道简单实用的黑木耳家常菜菜谱,供读者参考使用。

1. 黑木耳热菜系列

(1)鱼香肉丝

1)原料　猪瘦肉 250 克,嫩笋丝 100 克,黑木耳 50 克,鸡蛋 1 个,白糖 15 克,醋 15 克,生抽 200 克,麻油 10 克,鸡精 2.5 克,酱油 10 克,食盐 5 克,豆瓣酱和泡椒各 10 克,料酒 5 克,芡汁 15 克,青椒、红椒、香葱、生姜、蒜瓣、玉米淀粉适量。

2)做法

A. 猪瘦肉切成 3 毫米粗的细长丝,放入大碗中,调入 3 克食盐、1 汤勺料酒、蛋清拌匀,腌制片刻。

B. 把黑木耳、青椒、红椒分别切成丝，粗细尽量和肉丝一致；豆瓣酱和泡椒剁碎，再把生抽、白糖、醋，一起倒入小碗中混合拌匀制成料汁。

C. 锅中放水 500 毫升烧开，依次把笋丝和黑木耳焯水至断生，捞出沥水备用。

D. 把碗里腌制好的肉丝松动一下，再加入玉米淀粉，用筷子从下往上轻轻拌匀。

E. 热锅放入适量油，烧至六成热时，下入肉丝，用筷子轻轻拨散，保持肉丝完整不断，炒至肉丝变色立刻关火捞出。

F. 锅中余油烧热，下入切好的姜末、蒜末、葱白末煸出香味。下入泡椒和豆瓣酱炒出红油。

G. 下入炒好的肉丝，翻拌均匀。接着下入断生的笋丝和黑木耳丝，并调入混合好的料汁，翻拌均匀。

H. 再下入青辣椒、红辣椒丝翻炒均匀。最后适量勾薄芡，关火调入麻油和鸡精出锅。

3）特点　咸、甜、酸、辣、鲜、香，滑嫩爽口。

（2）黑木耳炒丝瓜

1）原料　黑木耳 30 克，丝瓜 200 克，鸡蛋 2 个，大蒜 20 克，彩椒 1 个，食盐适量。

2）做法

A. 黑木耳用温水发好，洗净撕片；丝瓜切斜片，鸡蛋打散，彩椒切小片，大蒜切末备用。

B. 热锅放入凉油，烧至七成热，放入鸡蛋炒熟，盛出备用。

C. 热锅加凉油，放入大蒜炝锅，放入黑木耳炒一下，接着放入丝瓜片和彩椒，翻炒 3 分至丝瓜片完全变色，放入鸡蛋翻匀，放食盐，出锅。

3）特点　色泽漂亮，口感滑嫩。

（3）木耳炒鸡蛋

1）原料　黑木耳 50 克，鸡蛋 3 个，红辣椒、青辣椒、葱、食盐、鸡精各适量。

2）做法

A. 黑木耳泡发 2 小时，择净码盘；鸡蛋充分打散；葱、红辣椒、青辣椒洗干净切小片。

B. 锅里油烧至六成热，倒入鸡蛋炒熟后盛出。

C. 锅里再放少量的油，放入葱、红辣椒煸炒出香味。倒入木耳煸炒至变软。

D. 放入炒好的鸡蛋，翻炒均匀，放入青辣椒煸炒片刻，加食盐、鸡精调味即可。

3）特点　味道咸鲜，营养丰富。

（4）尖椒木耳炒豆腐

1）原料　黑木耳50克，豆腐300克，尖椒50克，猪肉50克；蒜、料酒、豆瓣酱、生抽、老抽、白糖、花生油、淀粉、食盐、鸡精各适量。

2）做法

A. 干黑木耳提前2小时泡发，去除根部杂质，洗净撕成单片；豆腐洗净切成3厘米见方的厚片，再改刀成三角形；尖椒洗净去子，切块；蒜切末；猪肉剁成肉末，放碗中调入适量生抽，搅匀腌制。

B. 取一个净碗，放入适量料酒、生抽、老抽、白糖、食盐，再调入一点水搅匀；另取一个空碗放入适量淀粉、水、鸡精搅匀。

C. 热锅热油，把切好的豆腐块放进去煎至两面金黄（过油也可），然后沥油装盘待用。

D. 将锅里余油倒出，再往原锅倒入适量花生油烧热，放入豆瓣酱、蒜末炒香，倒入腌制好的肉末炒香；倒入黑木耳翻炒一下；接着倒入尖椒块炒香；再倒入调料汁炒匀。

E. 接着倒入煎好的豆腐块炒匀，改中小火慢慢烧至入味；最后勾芡，改大火，待汤汁收干时即可关火装盘。

3）特点　口感嫩滑，豆香味浓，还有一股淡淡的尖椒香味。

（5）西兰花炒木耳

1）原料　西兰花200克，黑木耳50克，冬莴笋50克，胡萝卜50克，葱、姜、食盐、白糖、味精、醋各适量。

2）做法

A. 将西兰花清洗干净，掰成小朵；黑木耳泡发2小时，洗净，撕成单片；胡萝卜洗净，冬莴笋去皮都切成2~3毫米厚的薄片；葱、姜切末。

B. 锅内放清水1 000毫升烧开，将冬莴笋、胡萝卜、西兰花分别焯水，备用。

C. 热锅凉油,倒入葱、姜末翻炒出香味,倒入黑木耳翻炒几下。再加入西兰花和冬莴笋翻炒。

D. 最后倒入胡萝卜继续翻炒,加入食盐、白糖调味,炒匀,加味精、醋,淋入香油出锅。

3)特点　色泽艳丽,脆嫩爽口。

(6)木耳肉片

1)原料　黑木耳 100 克,猪肉 150 克,葱 10 克,姜 5 克,花生油 30 克,食盐 2 克,料酒 15 克,生抽 5 克,老抽 5 克,味精 2 克,淀粉适量。

2)做法

A. 先把猪肉洗净,切成 2 毫米厚的薄片。加料酒、淀粉用手抓匀。

B. 黑木耳清水泡发 2 小时至软,洗净撕片,焯水 1 分,捞出备用。

C. 锅里放油,放入肉片煸炒至变色,放入葱、姜煸炒。再加入料酒、老抽、生抽翻炒。

D. 放入木耳、食盐翻炒均匀,最后放入味精调味,出锅装盘。

3)特点　质地柔软,鲜香可口。

(7)四彩烩虾球

1)材料　基围虾 300 克,黑木耳 50 克,山药 200 克,莴笋 100 克,胡萝卜 100 克,食盐、白糖、料酒各适量。

2)做法

A. 黑木耳用温水浸泡 2～3 小时至变软,洗净后沥干水分,撕片;山药去皮切成 2 毫米厚的薄片,泡入清水中,以免氧化变色;莴笋、胡萝卜去皮切 2 毫米薄片;基围虾去头去壳挑虾线,撒入少许食盐,淋入小勺料酒腌制。

B. 热锅倒入油,待油七成热时,放入胡萝卜和黑木耳翻炒半分;再放入沥干水的山药片翻炒半分。

C. 倒入莴笋片和沥干水分的基围虾。放入适量食盐、白糖调味,翻炒 1 分即可出锅。

3）特点　耳片软糯，虾球鲜嫩。

（8）黑木耳炒杏鲍菇

1）原料　黑木耳100克，胡萝卜120克，杏鲍菇150克，油、食盐、料酒、姜、胡椒粉、蚝油、鸡精各适量。

2）做法

A. 黑木耳用清水发好，洗净撕片；杏鲍菇洗净，切3毫米厚的薄片；胡萝卜洗净切2毫米薄片。

B. 热锅里放油加热，放入姜末、胡萝卜煸炒，待胡萝卜变色，放入黑木耳翻炒几下；再放入杏鲍菇煸炒。

C. 加水100毫升焖煮2分，加蚝油、食盐煸炒。

D. 最后加胡椒粉，鸡精调味，即可出锅装盘。

3）特点　色鲜味美，清淡爽口。

（9）猪肉炒三丝

1）材料　猪肉200克，黑木耳50克，胡萝卜100克，大青椒50克，生抽、大蒜、食盐、黑胡椒粉、淀粉各适量。

2）做法

A. 新鲜猪肉洗净、切成5毫米粗的肉丝，加生抽拌匀，腌制10分，调入淀粉备用。

B. 黑木耳提前泡好、洗净，切成3毫米宽的丝；胡萝卜洗净，先切成2～3毫米厚的薄片，再改刀切成3毫米的细丝；青椒洗净去蒂，切丝；大蒜切片备用。

C. 热锅冷油，倒入肉丝；滑散，肉丝变色盛起备用。

D. 锅中余油爆香大蒜片，炒出味；倒入胡萝卜丝，翻炒，再加入黑木耳丝，炒匀。

E. 加入青椒丝、食盐，翻炒几下。再倒入炒熟的肉丝，翻炒均匀；淋入生抽，加入黑

胡椒粉调味，出锅装盘。

3）特点 咸香微辣，软糯爽口。

（10）鱼香鸡丁

1）原料 鸡胸肉300克，青椒50克，胡萝卜100克，黑木耳50克，泡椒3个，豆瓣酱30克，泡姜一块，大蒜、生姜各20克，食盐、大葱、酱油、白糖、香醋、胡椒粉、料酒、鸡精、油、淀粉各适量。

2）做法

A. 鸡胸肉切成1厘米的方丁，加入食盐、白糖、料酒、胡椒粉、酱油、淀粉拌匀备用。

B. 胡萝卜洗净切0.5厘米方丁；黑木耳泡发洗净，切1厘米方块；青椒切丁，泡姜和泡椒、大蒜切碎，豆瓣酱剁细。

C. 取一个空碗，放入酱油、香醋、白糖、鸡精、香油、芡汁搅拌均匀，制成调味汁备用。

D. 热炒锅放油爆香葱、姜末，倒入鸡肉翻炒至变色盛出备用。

E. 底油放入豆瓣酱，切碎的泡姜、泡椒和蒜炒出香味；倒入胡萝卜翻炒几下，加少许水翻炒1分；再把青椒和黑木耳加入翻炒均匀。

F. 加入炒熟的鸡肉，把调好的料汁倒入锅中，翻炒1分关火，出锅装盘。

3）特点 鱼香酸甜口，微辣带咸味。

（11）木耳腐竹炒白果

1）原料 黑木耳100克，腐竹100克，白果100克，大葱、生姜、鸡精、食盐各适量。

2）做法

A. 黑木耳泡发，洗净去蒂，撕片；腐竹凉水泡软，洗净切3厘米长段；白果去壳脱皮，再放在热水中泡10分；大葱切2厘米段；生姜切1毫米厚的薄片。

B. 热锅里放少许油，烧至三四成热，下入葱段和姜片爆香，捞出；再放入黑木耳翻炒10秒。

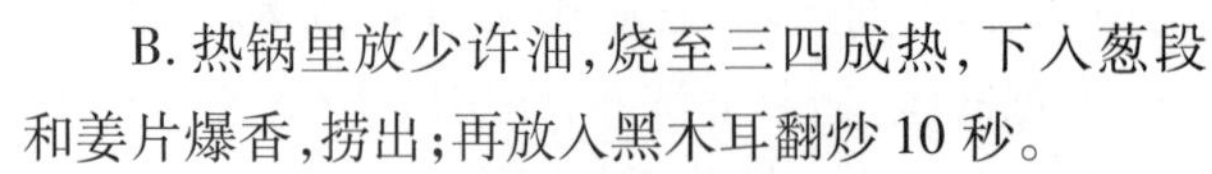

C. 放入白果，大火炒至白果完全变色。

D. 放入腐竹、食盐，大火爆炒30秒，关火；撒入鸡精翻匀，盖上锅盖焖5分即可出锅。

3）特点 老少皆宜，营养又好吃。

(12)香菇黑木耳蒸鸡

1)原料　黑木耳30克,干香菇150克,跑山鸡400克,香葱1根,老姜2片,生抽、食盐、白糖、胡椒粉、麻油适量。

2)做法

A. 黑木耳、香菇提前2小时用冷水泡发后,清洗择净,黑木耳撕片备用。

B. 鸡切小块、香葱切段、老姜切丝,放入碗中加调料腌制10分。

C. 加入香菇、木耳,放入已经烧开的蒸锅中,大火蒸15分左右。

3)特点　最大程度保持了食材的原汁和原味,非常鲜美。

(13)黑木耳炒腐竹

1)原料　腐竹200克,黑木耳30克,蒜2瓣,姜4片,食盐、生抽、白糖、胡椒粉、鸡精适量。

2)做法

A. 黑木耳用凉水泡发,处理干净,撕成单片;腐竹用温水泡软切3厘米段,腐竹放入开水锅煮1分,捞出控水;大蒜切片备用。

B. 炒锅加油烧热,下蒜和姜片爆香,加腐竹翻炒1分;再加入黑木耳、食盐、白糖、生抽、胡椒粉、鸡精炒匀即可。

3)特点　味道清香,嫩滑爽口。

(14)香菇木耳黄花菜蒸鸡翅

1)原料　黑木耳30克,鸡中翅350克,干香菇50克,黄花菜20克,蒜蓉10克,生姜末10克,洋葱末10克,蚝油、酱油、自制花椒水、黑胡椒粉、清水、葱各适量。

2)做法

A. 鸡翅洗净,用清水浸泡约10分,将鸡翅取出,用刀从中间分为两段;放入大碗中,上面铺上蒜蓉、生姜末、洋葱末。

B. 空碗中,放入蚝油、酱油、黑胡椒粉、自制花椒水,另加清水10毫升调成腌料汁。

C. 将调好的腌料汁倒入鸡翅碗中,搅拌均匀,盖上保鲜膜,放入冰箱冷藏腌制30分。

D. 干香菇洗净,用冷清水提前浸泡2小时至软,用刀切成1厘米粗条;黑木耳洗净,用冷清水提前2小时泡发,去蒂,撕成大小均匀的单片;黄花菜洗净,用冷清水提前1小时浸泡至软,去蒂洗净备用。

E. 取一深盘,先将准备好的配菜铺在盘底,再将腌好的鸡翅摆在配菜上,腌料汁也一起倒入盘内,上面盖上保鲜膜。

F. 蒸锅内水开后,将摆好鸡翅的盘子放在蒸屉上,盖上锅盖,隔水大火蒸25~30分,出锅撒上葱花即成。

3)特点　肉烂味鲜,香气四溢。

(15)金针木耳蒸鸡

1)原料　白条鸡300克,泡发黑木耳100克,干金针菜25克,红椒1个,姜3片,葱段50克,蒜末、油、食盐、鸡精、白糖、耗油、生抽、生粉、白酒适量。

2)做法

A. 金针菜先用冷水泡发2小时,洗净去杂,把金针菜打结;黑木耳去蒂撕成单片,备用。

B. 鸡肉洗干净切小块，加入白酒、生抽、油、食盐、白糖、生粉及姜丝拌好，腌制。

C. 放入金针菜和木耳，倒入少量耗油调味，与鸡块一起拌匀。

D. 取一只深碗，木耳和金针菜放入碗底，再放入腌好的鸡肉，葱段、姜片、蒜末、撒在上面。

E. 放入蒸笼隔水蒸约 10 分后，撒上葱花、辣椒丝点缀即成。

3）特点　爽脆又美味，清润不油腻。

（16）肉圆木耳炒藕片

1）原料　脆藕 300 克，猪腿肉 50 克，木耳 50 克，姜、蒜、食盐、蚝油、蒜苗、生粉、油、麻油各适量。

2）做法

A. 脆藕（不要粉藕）刮皮，洗净，切成 2 毫米厚的薄片，焯水 1 分，过水并浸泡备用。

B. 猪腿肉洗净，切成 2 毫米的薄片，厚薄要均匀；加入姜、蒜、食盐、生粉调味挂芡。

C. 热锅凉油，烧至五成热，爆香姜、蒜末，放肉片炒至变色，盛出。

D. 锅内放少许油，下藕片，加食盐、蚝油，再加少许清水焖 1 分；放木耳和蒜苗再炒 1 分，放入麻油关火。

3）特点　质脆爽口，香气宜人。

（17）白菜猪肉炒木耳

1）原料　猪瘦肉 100 克，大白菜 3 片，黑木耳 10 克（用温水泡发），新鲜红椒 1 个，生姜 10 克，大蒜 10 克，食盐 4 克，生抽、沙拉油、红油辣椒酱、玉米淀粉、白糖、鸡精、芡

汁、清水、油适量。

2）做法

A. 猪瘦肉切2毫米厚的薄片；大白菜分开菜叶及菜帮切2~3厘米小段；木耳手撕成单片；红椒切丝，姜剁成蓉，大蒜切片。

B. 将肉片加入生抽、食盐、色拉油搅拌均匀，并分次加入1~2大匙的清水，每次搅拌至水分完全渗入肉中，不见明水为止；腌制10分。

C. 锅内放入约2大匙油，烧至三成热放入猪瘦肉，用筷子滑散。炒至肉片变色，约八成熟时，加入红油辣椒酱炒出香味，盛出备用。

D. 洗净炒锅，再放少许油，冷油放入姜蓉及蒜片炒出香味；放入黑木耳、白菜帮及红椒丝，翻炒至菜帮变软。

E. 最后再加入白菜叶、食盐、鸡精、白糖，翻炒至白菜叶变软时，加入炒好的肉片；翻炒均匀，勾薄芡。

3）特点　典雅清香，质地滑嫩。

（18）木耳炒大白菜

1）原料　大白菜250克，水发木耳100克，葱、姜、蒜各10克，食盐4克，白糖5克，酱油、芡汁、鸡精、油、胡椒粉适量。

2）做法

A. 将白菜洗净，将菜叶和菜帮分别处理。叶子手撕成或用刀切成3厘米见方的片状，菜帮平铺在案板上，用刀横向斜片成菱形块，大小和菜叶相宜，备用。

B. 木耳用温水泡发2~3小时，去蒂，用手撕成单片，备用。

C. 锅中放油热锅，加入葱、姜、蒜末爆香，加入白菜帮、酱油，快炒20秒后，加入泡发好的木耳和白菜叶，放入白糖，翻炒至八成熟。

D. 放入食盐、鸡精和胡椒粉，翻炒5秒，勾芡收汁即可。

3）特点　色泽淡雅，清香鲜美。

(19)木耳素炒小白菜

1)原料　黑木耳50克,小白菜200克,大葱5克,生姜5克,酱油、食盐、花生油适量。

2)做法

A.小白菜洗净,撕成单片;黑木耳充分泡发,洗净去蒂,撕成小片。

B.热锅下油,至四成热时,先放入少许葱、姜炝锅,再放入小白菜快速翻炒。

C.翻炒至小白菜开始变软时,放入木耳、葱、姜末。

D.然后加入酱油和食盐,大火翻炒均匀,出锅盛盘。

3)特点　酱香浓郁,色味俱佳。

(20)丝瓜木耳番茄炒蛋

1)原料　黑木耳50克,鸡蛋3个,丝瓜300克, 番茄100克,大葱10克,食盐、白糖各适量。

2)做法

A.黑木耳温水泡发2小时,洗净去蒂,切5毫米宽的长丝;番茄切1.5厘米左右方丁;鸡蛋加食盐打散;丝瓜去皮,滚刀切块,厚约1厘米;大葱切碎。

B.热锅热油将鸡蛋炒熟盛出;炒锅再放油少许,放入葱花炒香,下番茄丁、丝瓜片、黑木耳快速翻炒20秒;淋少许清水焖30秒,放入熟鸡蛋、白糖、食盐翻匀,即可出锅。

3)特点　鲜味怡人,清新可口。

(21)白菜木耳炒肚片

1)原料　猪肚500克,黑木耳20克,白菜50克,胡萝卜50克,玉米面100克,葱、姜、蒜、料酒、醋、老抽、花椒、大料、食盐、白糖、鸡精、芡汁各适量。

2)做法

A.黑木耳用温水充分泡软,洗净去蒂,撕成小朵;胡萝卜切3毫米厚的菱形片;白菜洗净切片。

B. 猪肚内外用食盐揉搓,冲洗干净,再用醋揉搓,冲洗干净,最后用玉米面揉搓,冲洗干净。

C. 将处理干净的猪肚放入锅中,加葱、姜、料酒、花椒、大料煮90分;稍冷却后,斜刀切成菱形片。

D. 炒锅中油热后,放入葱、姜、蒜爆香;加入黑木耳、胡萝卜、白菜翻炒1分;放入肚片翻炒均匀,加少许老抽上色,加食盐、白糖、鸡精调味,水淀粉勾芡即成。

3)特点　肚片筋道,耳片滑嫩。

(22)葱烧木耳炒肉

1)原料　木耳100克,里脊肉100克,大葱10克,姜10克,酱油、食盐、芡汁适量。

2)做法

A. 干木耳用温水泡发2~3小时,洗净去杂去蒂,撕成单片;里脊肉切3毫米厚的薄片;大葱斜刀切2厘米段;生姜一半切片,一半切末。

B. 将切好的里脊肉放碗中,加入姜末、食盐、酱油,少许芡汁,搅拌腌制。

C. 锅里烧热油,把姜片倒进去炒香,然后把肉倒进锅里翻炒至完全变色。

D. 木耳下锅翻炒至出现噼啪声,下入葱段翻炒几下,加酱油和食盐调味;出锅前勾薄芡即可。

3)特点　明亮光滑,口感软糯。

(23)黑木耳黄瓜炒鱼片

1)原料　鱼肉200克,黄瓜2根,黑木耳30克,食盐10克,白糖2克,鸡精2克,料

酒10毫升，胡椒粉、生粉、蒜末、姜末、麻油各适量。

2）做法

A. 黑木耳用清水发泡，去杂洗干净，撕成小片；黄瓜洗净，去头去尾，切2毫米厚片。

B. 鱼肉切厚片，用食盐、胡椒粉、白糖、料酒和姜末拌匀，腌15分。

C. 锅里放油烧热，下鱼片，轻炒20秒至半熟，捞出，备用。

D. 锅里重新放油烧热，蒜末入锅爆香，放入黄瓜片、黑木耳翻炒均匀。

E. 加清水少许，调入食盐、鸡精，翻炒至黄瓜片熟软入味；再加入炒熟的鱼肉，淋入料酒，翻炒均匀；用生粉勾芡，淋入麻油，翻匀出锅。

3）特点　鱼香浓郁，风味独特。

（24）黄瓜木耳炒虾仁

1）原料　黄瓜500克，黑木耳50克，虾仁100克，食用油50克，黄酒、生粉、食盐、鸡精、料酒、麻油、蒜末各适量。

2）做法

A. 把木耳发开洗净，用手撕成小片；将黄瓜洗净，纵切两半，再改刀切成半月形薄片。

B. 虾仁洗净，用搌布搌干明水，再倒入黄酒、食盐、生粉搅拌均匀，最后往虾仁里倒少许食用油充分拌匀，使虾仁入锅不粘锅底。

C. 锅里放油烧热，下虾仁，轻炒20秒至变色，捞出沥油备用。

D. 锅里重新放油烧热，放入蒜末爆香，放入黄瓜片、木耳翻炒至黄瓜变色。

E. 再加入炒熟的虾仁，淋入料酒，翻炒均匀；调入食盐、鸡精，用生粉勾芡，淋入麻油，翻匀出锅。

3）特点　清香怡人，口感嫩滑。

（25）山药木耳炒青笋

1）原料　山药200克，干木耳50克，莴笋100克，红椒、葱花、食盐、香油、鸡精、白醋、白糖、淀粉各适量。

2）做法

A. 黑木耳入温水中，加入少许食盐和淀粉，泡至发起，然后洗净去根，撕成小块，入沸水中快速焯烫5秒，捞出沥水。

B. 山药去皮切2毫米厚片，在滴有白醋的水中浸泡一会后，入沸食盐水中快速焯烫10秒，捞出沥水；莴笋去皮切片，红椒洗净切片。

C. 热锅放油，至五成热后爆香葱花，倒入莴笋、红椒和黑木耳翻炒1分，淋入少许水。

D. 放入山药片快速翻炒，调入鸡精、食盐、白糖、醋和麻油，炒匀关火。

3）特点　色好味美，清爽利口。

（26）清炒山药木耳

1）原料　山药200克，水发木耳100克，食盐、味精各1茶匙，料酒1汤匙，蚝油0.5汤匙，植物油40克，芡汁和葱、姜丝适量。

2）做法

A. 山药用火燎掉须根，刮打去表皮，洗净切成菱形寸段，焯水30秒捞出投凉；改刀切成菱形片，再焯水1分捞出投凉备用。

B. 水发木耳摘洗干净，撕成小块，焯水1分捞出投凉；葱、姜切丝备用。

C. 炒锅加植物油烧至五成热，下入葱、姜丝爆香，倒入蚝油、山药和木耳，烹入料酒，撒上食盐翻炒均匀，勾薄芡，放味精，淋明油出锅装盘。

3）特点　清淡爽口，减肥佳品。

（27）甜豆山药炒黑木耳

1）原料　甜豆120克，山药200克，黑木耳50克，胡萝卜50克，大葱、生姜、食盐各适量。

2）做法

A. 将山药削皮洗净切片，焯水1分；甜豆撕筋，一切两段，焯水1分；黑木耳泡发，洗净去根撕片，焯水1分；胡萝卜切薄片，焯水备用。

B. 炒锅放油至三成热时，下入葱、姜末爆香；依次放入胡萝卜、甜豆、山药、黑木耳翻炒40秒，放食盐调味即可。

3）特点　脆嫩清香，色泽鲜亮。

（27）枸杞木耳炒山药

1）原料　山药300克，荷兰豆50克，黑木耳20克，枸杞10克，食盐、油适量。

2）做法

A. 黑木耳用冷水泡发后洗尽泥沙，剪去根部，撕成小朵；荷兰豆两边撕筋，洗净掐段；枸杞泡发洗净备用。

B. 山药火燎根须，洗净去皮切片，浸入加有白醋的清水里防止氧化变黑。

C. 炒锅烧热加油至七成热，放入山药和木耳翻炒1分；再放入荷兰豆，加清水100毫升，翻炒2分，最后加食盐和枸杞翻炒均匀即可。

3）特点　清淡爽口，健脾养胃。

（29）山药木耳熘肉片

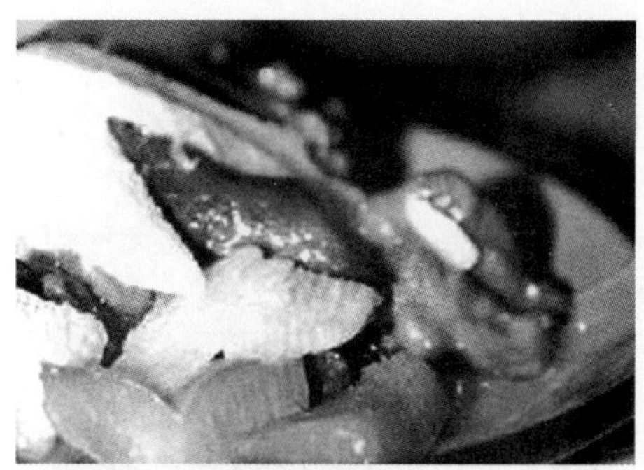

1）原料　山药200克，黑木耳50克，猪瘦肉100克，红甜椒1个，料酒、白糖、食盐、鸡精、胡椒粉、蛋清、芡汁、葱适量。

2）做法

A. 干木耳温水泡发2小时，去根洗净，撕成单片；山药燎毛去皮，洗净滚刀切片。

B. 猪瘦肉切2毫米薄片，加食盐、鸡精、料酒、蛋清、芡汁，拌匀腌制。

C. 锅烧热，倒入油，油温二三成热时下肉片滑散；下山药片、木耳滑熟，倒出控油。

D. 锅中留少许油，煸香葱花，加少许水，放入食盐、鸡精、白糖、胡椒粉调味，勾芡，再倒入炒熟的猪肉、黑木耳和山药翻炒均匀即可。

3）特点　肉酥香，菜滑嫩。

（30）素什锦

1）原料　菜花300克，芹菜200克，黑木耳30克，花生米100克，食盐、葱、姜、味精、白糖、麻油、植物油适量。

2）做法

A. 菜花清洗干净，掰切成2厘米小朵；芹菜斜切2厘米段；木耳泡发后撕成小朵；花生米提前泡1小时；葱、姜切丝备用。

B. 分步焯熟所有食材，喜欢软糯的，火候可略大些，喜欢脆硬的，短暂焯水，断生即可。

C. 炒锅烧热，加入适量植物油，烧至七成热时下葱、姜丝爆香，再放入所有焯熟的食材及调料。翻炒均匀即可。

3）特点　素雅可口，清香怡人。

（31）碧玉魔芋烩木耳

1）原料　黑、白魔芋各200克，香芹100克，黑木耳50克，红甜椒1个，食盐、白糖、淀粉、鸡精、麻油适量。

2）做法

A. 用适量温水，撒入少许淀粉，浸泡木耳至软化，清洗干净，去根撕片备用；香芹择去叶子后洗净，切成3厘米长的小段；红甜椒切丝；魔芋用水冲净，沥干水分。

B. 炒锅中放入油，烧至七分热，倒入芹菜和黑木耳翻炒2分，放入魔芋快炒1分，加入食盐、白糖和鸡精翻炒均匀；出锅前淋入少许麻油装盘，放上红椒丝点缀即可。

3)特点　色艳味美，营养健康。

(32)西芹木耳百合炒腰果

1)原料　西芹200克，黑木耳50克，鲜百合50克，腰果50克，食盐、酱油、调和油适量。

2)做法

A. 黑木耳凉水泡发2小时，洗净去根，撕成单片；西芹洗净切斜片；鲜百合剥成单片洗净；腰果炒香备用。

B. 热锅下油，五成热时，速炒西芹、百合2分；放入黑木耳爆炒30秒，加少许水煨2分，加入酱油、食盐调味；最后加入腰果翻炒，装盘。

3)特点　清香可口，酥香诱人。

(33)烩腊肠木耳苦瓜

1)原料　腊肠300克，黑木耳50克，苦瓜200克，料酒、老姜、食盐适量。

2)做法

A. 腊肠剥去外皮冲洗干净，切2毫米薄片；苦瓜洗净，中间切开去子，切片后泡在清水里。

B. 黑木耳提前泡发，择去根蒂，用食盐水反复抓洗，焯水备用。

C. 炒锅烧热，倒油烧至三成热，放入腊肠煸炒，放入料酒、姜翻炒，加水没过腊肠；大火烧开后，放入黑木耳上盖中火焖5分；放苦瓜片、食盐，改大火翻炒2分即可。

3)特点　清热下火，腊味无穷。

(34)泡椒黑木耳炒猪肝

1)原料　泡椒100克，黑木耳100克，猪肝100克，淀粉，葱、姜丝、食盐，鸡精适量。

2)做法

A. 黑木耳提前4小时用凉水泡发，洗净去根，撕成小片。

B. 猪肝洗净切成3毫米厚的薄片，用水泡10分后再沥干水分，加入淀粉抓匀备用。

C. 热锅放油，至四成热时，放入葱、姜丝爆香；放入猪肝快速滑炒，至猪肝变成灰色后立即捞出。

D. 再加少许油，倒入处理好的黑木耳和泡椒翻炒，加水少许，煮沸片刻，然后倒入猪肝翻炒10秒，加入食盐和鸡精调味即可。

3)特点　香辣开胃，补血明目。

(35)泡椒木耳炒鸭胗

1)原料　黑木耳25克，鸭胗300克，小青椒2个，泡椒100克，姜15克，蒜1瓣，芹菜1棵，食盐、生粉、料酒、酱油、菜油80毫升。

2)做法

A. 把木耳用温水泡发，去蒂，洗净沥水，放食盐混匀；芹菜洗净，切成5厘米长的段，撒少许食盐拌匀，腌制10分，冲水，挤干水，备用；青椒去籽，切成丝；泡椒切成2厘米长的段；姜、蒜切成片。

B. 鸭胗洗净，切成薄片；用生粉、酱油、料酒混匀上浆。

C. 炒锅大火预热，倒入菜油，待油烧至七成热时，下青椒、泡椒、姜、蒜炒2分左右，至香味出。倒入鸭胗片，快炒2分。放入芹菜、木耳、酱油炒2分，铲出装盘。

3)特点　清脆可口,爽辣鲜香。

(36)青椒木耳炒荸荠

1)原料　青椒50克,木耳50克,荸荠300克,食盐、鸡精适量。

2)做法

A. 青椒洗净切3厘米菱形块;黑木耳温水泡发,洗净去根,撕成单片;荸荠去皮,洗净滚刀切块。

B. 下热油锅爆炒青椒、木耳,木耳变软,倒入荸荠翻炒。

C. 最后加入食盐和鸡精调味,出锅装盘。

3)特点　清脆可口,时令佳肴。

(37)黑木耳竹笋炒青椒

1)原料　黑木耳50克,青椒50克,竹笋2棵,植物油、鸡精、食盐适量。

2)做法

A. 黑木耳用温水泡发,搓洗干净,剪掉耳根,撕成小片;竹笋用冷水泡发,摘蒂,洗干净泥沙,切段;青椒洗干净去子切块。

B. 热锅放油,待四成热,放入竹笋和木耳翻炒,加入热水煨熟,盛出备用。

C. 锅里下油,五成热,放入青椒炒熟;把炒好的竹笋和木耳放到锅里,鸡精对水入锅略炒,加食盐调味即可出锅。

3)特点　清香可口,开胃排毒。

(38)酸甜木耳烩双花

1)原料　菜花200克,西兰花100克,黑木耳50克,番茄酱50克,蒜蓉10克,食盐、油、白糖、姜粉适量。

2)做法

A. 把西兰花和菜花洗净,掰成2厘米小朵,焯水沥干;黑木耳充分泡发,洗净去根,切成耳丝备用。

B. 炒锅里放少许油，放一半的蒜蓉炒香；倒入西兰花、菜花和黑木耳，淋入少许热水，中火翻炒2分。

C. 放番茄酱、食盐、白糖、姜粉和蒜蓉，收汁，出锅。

3）特点　脆嫩爽口，消积养颜。

（39）玉米炒黑木耳

1）原料　鲜玉米粒200克，黑木耳20克，猪瘦肉100克，胡萝卜50克，花生油、姜末、蒜末、胡椒粉、酱油、食盐、葱花、料酒、淀粉适量。

2）做法

A. 玉米粒洗干净，沥去水分；黑木耳泡发，洗净去蒂，切片；胡萝卜切成长薄片；猪瘦肉切成2毫米薄片，放食盐、料酒、淀粉抓匀腌制。

B. 锅内放油烧热，下姜、蒜末爆香，放入猪肉片炒至变色；放入胡萝卜片翻炒20秒；再放入黑木耳翻炒均匀。

C. 放入玉米粒稍炒，加胡椒粉、酱油调味；最后加入食盐和葱花炒匀出锅。

3）特点　鲜滑爽口，营养丰富。

（40）莴笋炒木耳

1）原料　莴笋500克，黑木耳20克，葱花、食盐、油适量。

2）做法

A. 莴笋洗净去皮，滚刀切2毫米斜条；黑木耳温水泡发2小时，洗净去根，撕成小朵。

B. 炒锅放油，五成热时，爆香葱花；下莴笋翻炒50秒后，放入木耳，再翻炒30秒，放食盐，翻匀出锅。

3）特点　清脆爽口，清火健体。

（41）黑木耳爆腰花

1）原料　猪腰子 300 克，黑木耳 30 克，青尖椒 20 克，红尖椒 20 克，小葱 2 根，姜 1 小块，大蒜 4 瓣，料酒、生抽、食盐、鸡精适量。

2）做法

A. 黑木耳事先泡发，洗净去杂，撕成小片；青、红尖椒切成 3 厘米块；小葱切末；姜部分切片，部分切末；大蒜切末。

B. 猪腰洗净，切成两半，去掉白膜，先切成块，再改刀切成腰花。

C. 锅中加水，放入姜片，加入少许料酒；水烧开后放入腰花去腥，腰花变色后捞出，沥干水分待用。

D. 锅烧热，放少许油，油热后放入姜、蒜末爆香，放入焯好的腰花翻炒几下后，放入黑木耳翻炒 2 分，放入切块的青、红椒，加入生抽翻炒均匀。

E. 最后放入适量的食盐、鸡精，翻炒均匀即可。

3）特点　香辣适口，补肾强身。

（42）木耳娃娃菜

1）原料　娃娃菜 250 克，黑木耳 50 克，大葱 10 克，生抽、白糖、食盐适量。

2）做法

A. 黑木耳提前用 5 倍的冷水泡发 3 小时，待木耳完全泡软后去掉硬根，用手将木耳撕成小朵，清水焯烫 2 分后捞出备用。

B. 把娃娃菜叶子剥开，洗净后将大叶切成两段。

C. 锅中放油，大火烧至七成热，放入大葱爆香，倒入切好的娃娃菜，迅速翻炒，当娃娃菜叶变软后，倒入黑木耳，淋入生抽，加入白糖和食盐，翻炒均匀即可。

3）特点　菜味清香，排毒养颜。

（43）蒜香油菜木耳

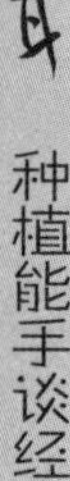

1）原料　黑木耳 100 克，大蒜 10 克，油菜叶 100 克，食盐、鸡精适量。

2）做法

A. 黑木耳温水泡发 3 小时，洗净去根，撕成小片；油菜去梗取叶切成 5 厘米块焯水备用；大蒜用刀身拍扁去皮。

B. 油锅四成热，放入大蒜炸至表面微微变色，飘出蒜香味道，放入黑木耳、油菜叶一起翻炒 20 秒，撒入食盐、鸡精，出锅装盘。

3）特点　蒜香浓郁，清淡爽口。

2. 黑木耳凉菜系列

（1）凉拌黑木耳

1）材料　黑木耳 100 克，胡萝卜 100 克，红辣椒 30 克，香菜 20 克，葱、姜、蒜、植物油、食盐、香醋、白糖、生抽适量。

2）做法

A. 黑木耳用冷水泡发后，剪去根蒂，撕成小朵；锅中放清水烧开后，入黑木耳汆烫 3 分捞出，用冷开水洗去表面黏液。

B. 胡萝卜去皮切成牛眼片，入沸水汆烫 1 分捞出；红辣椒横切成圈。

C. 葱、姜、蒜切末放小碗里，植物油烧热后浇在上面烹出香味。

D. 按照自己口味加入适量生抽、食盐、香醋、白糖调匀成调味汁。

E. 黑木耳和胡萝卜一起放入碗里，将调味汁倒入，撒上香菜末和红椒圈拌匀即可。

3）特点　红绿分明，口感清爽。

（2）清爽绿芥末黑木耳

1）原料　泡发黑木耳300克，酱油20毫升，芥末1小段，干辣椒1个，香醋、麻油、辣油、葱花适量。

2）做法

A. 将泡发好的黑木耳剪去根，焯水2分，捞出浸入冰水中备用；干辣椒切段。

B. 大碗中，把酱油、芥末、醋、辣油、麻油、葱花拌匀制成调味汁。

C. 将木耳沥干水分，与调味汁拌匀装盘，撒上葱花和干辣椒段点缀即成。

3）特点　芥辣味鲜，清爽利口。

（3）木耳拌藕片

1）原料　莲藕200克，胡萝卜200克，泡发黑木耳200克，辣椒油、花椒油、麻油、白糖、食盐、醋、生抽适量。

2）做法

A. 莲藕和胡萝卜分别洗净切片，泡发黑木耳去硬块用手撕成小朵。

B. 水锅烧开，放少许油，然后将莲藕片和胡萝卜片放入先焯1分，再放入黑木耳焯至藕片变得透明，把全部食材捞起过水，备用。

C. 大碗中，将白糖、食盐、醋、生抽拌匀使白糖溶化，淋到黑木耳、藕片、胡萝卜上；再加入适量的辣椒油、花椒油和麻油，拌匀即可。

3)特点　色泽光艳,味美质脆。

(4)木耳凉拌西兰花

1)原料　西兰花300克,泡发黑木耳200克,蒜末、麻油、白糖、食盐、醋适量。

2)做法

A.西兰花洗净,切块焯水,冰水冰凉;泡发的黑木耳洗净去蒂,撕成小片。

B.用蒜末、麻油、白糖、食盐、醋混合制成调味汁,再与西兰花、黑木耳拌匀即可。

3)特点　色新味淡,清爽健康。

(5)木耳芥末魔芋丝

1)原料　黑木耳50克,魔芋丝60克,香菜2根,绿芥末、陈醋、食盐、麻油适量。

2)做法

A.黑木耳用冷水泡发后,剪去根蒂,撕成小朵;锅中放清水烧开后,入黑木耳汆烫3分捞出,用冷开水洗去表面黏液;魔芋丝用清水冲一下。

B.在碗里倒入适量的陈醋,挤入两厘米长的绿芥末,放入食盐拌匀制成调味汁。

C.将调味汁倒入黑木耳和魔芋丝里,拌匀,淋麻油,香菜叶点缀即成。

3)特点　清爽利口,色鲜味美。

(6)香菜拌木耳

1)原料　黑木耳50克,香菜3棵,洋葱50克,花椒油、凉拌酱油、醋、食盐、白糖、麻油、熟芝麻适量。

2)做法

A.黑木耳提前半天用凉水浸泡,泡发后去掉根蒂,洗净撕块焯水,过冷水,挤干水分;洋葱去外皮,切薄片;香菜切3厘米段。

B.洋葱、黑木耳放入容器中,加香菜、花椒油、凉拌酱油、醋、食盐、白糖、香油拌匀,撒上芝麻即成。

3)特点　咸香微辣，清血健身。

(7)西芹木耳香菜拌豆腐

1)原料　西芹200克，泡发的黑木耳100克，豆腐200克，香菜3棵，麻油、食盐、酱油适量。

2)做法

A.将豆腐切小块放油锅内两面煎黄捞出待用。

B.将西芹切斜块放开水锅内氽熟，用冷开水冲凉；将黑木耳放开水锅内焯熟沥水备用。

C.将香菜切断与豆腐、黑木耳、西芹混合，加入麻油、食盐、酱油拌匀即可。

3)特点　清香怡人，营养丰富。

(8)黑木耳拌西芹

1)原料　黑木耳100克，西芹100克，蒜末少许，生抽、香醋、麻油、油辣子、蜂蜜适量。

2)做法

A.黑木耳用冷水泡发3小时，漂洗干净，摘去老根，撕成小片；西芹掰开洗净，用刨刀把西芹上老筋轻轻刮去，改刀切成3厘米长的菱形段。

B.锅中放水烧开，西芹焯大约2分，捞出立即浸入冰水中；用焯西芹的水，把黑木耳焯大约2分，捞出浸入冰水。

C. 空碗中，放入生抽、香醋各 1.5 汤匙，麻油、油辣子各 1 小勺，蜂蜜半汤匙拌匀，制成调味汁。

D. 西芹和黑木耳都从冰水中捞出，沥去水分，放入盆中，撒上蒜末，倒入调味汁拌匀即可。

3）特点　清凉美味，解暑佳肴。

（9）苦瓜拌木耳

1）原料　苦瓜 200 克，黑木耳 100 克，红辣椒 2 个，大蒜末、食盐、生抽、醋、麻油、白糖、辣椒油适量。

2）做法

A. 黑木耳用冷水泡发 3 小时，漂洗干净，摘去老根，撕成小片；苦瓜洗净，纵向剖开，去掉子瓤，切成 3 毫米厚的薄片；红辣椒洗净，去子切细丝。

B. 锅中放水烧开，先将苦瓜焯大约 2 分，捞出立即浸入冰水中；换清水，把黑木耳焯水大约 2 分，捞出浸入冰水；接着把辣椒丝也焯 10 秒，捞出浸入冰水中备用。

C. 用大蒜末、食盐、生抽、醋、麻油、白糖、辣椒油调成料汁。

D. 苦瓜、辣椒丝和黑木耳都从冰水中捞出，沥去水分，放入盆中，倒入调好的料汁拌匀即可。

3）特点　清凉爽口，美味消暑。

（10）泡椒拌黑木耳

1）原料　黑木耳 100 克，红泡椒 5 个，香菜 3 棵，食盐、白糖、鸡精、麻油适量。

2）做法

A. 黑木耳用冷水泡发 2 小时，漂洗干净，摘去根蒂，撕成小片；泡椒洗净，处理干净，剁碎成末；香菜去根，分枝洗净，一半切碎成末。

B. 锅中加水烧开，放入黑木耳焯2分捞出，投凉。

C. 泡椒末、香菜末、食盐、白糖、鸡精、麻油混合制成调味汁。

D. 将黑木耳捞出，控干水分，加入调味汁拌匀，装盘，摆上香菜叶点缀即可。

3）特点　咸鲜微辣，清凉开胃。

（11）香拌黑木耳

1）原料　黑木耳100克，青柠檬20克，香菜20克，洋葱20克，青瓜20克，胡萝卜20克，五香花生米50克，大蒜、泰式辣椒酱、白糖、白醋适量。

2）做法

A. 黑木耳用冷水泡发3小时，漂洗干净，摘去老根，撕成小片；青柠檬洗净，切2毫米薄片；香菜去根，分枝洗净，切3厘米段。洋葱去外皮洗净，切圈；青瓜洗净，擦丝；胡萝卜洗净去皮，擦丝；大蒜拍碎剁成蒜蓉。

B. 锅中加水烧开，放入黑木耳焯2分捞出，投凉。

C. 泰式辣椒酱、白糖、白醋混合制成调味汁。

D. 捞出黑木耳与备好的全部食材混合，淋上调味汁，翻拌均匀，装盘即成。

3）特点　酸甜适口，营养全面。

（12）剁椒拌黑木耳

1）原料　黑木耳100克，姜丝、剁椒、生抽、白醋、食盐、鸡精适量，葱花少许。

2）做法

A. 黑木耳用热水泡软，洗净、去蒂后切丝。

B. 黑木耳丝、姜丝、剁椒、生抽、白醋、食盐、少许鸡精拌匀后放置约半小时入味。

C. 装盘食用时,撒上葱花点缀即可。

3)特点　色鲜味美,滑脆爽口。

(13)酸辣黑木耳

1)原料　黑木耳 100 克,姜片 5 克,大葱 20 克,蒜瓣 20 克,酱油、醋、油辣椒、白糖、食盐适量。

2)做法

A. 黑木耳用冷水泡发 3 小时,漂洗干净,摘去老根,撕成小片;姜片切成细姜丝;大葱洗净切碎成葱花;蒜瓣剁成蒜蓉。

B. 锅中加水烧开,放入黑木耳焯 2 分捞出,投凉。

C. 捞出木耳沥水,放入盆中,将姜丝、葱花、蒜蓉、酱油、醋、白糖、食盐、油辣椒等全部食材,放入拌匀,入味 10 分即可装盘食用。

3)特点　酸辣美味,沁人心脾。

3. 黑木耳汤羹系列

(1)金针木耳煲鸡汤

1)原料　白条鸡 1 只,金针菜 50 克,黑木耳 20 克,干香菇 10 克,生姜 10 克,大葱 20 克,食盐适量。

2)做法

A. 白条鸡洗净,斩成大块,氽水去腥味。

B. 黑木耳、金针菜和香菇先分别用清水泡半小时;摘去金针菜硬梗,洗净后挤干水;

木耳洗净去蒂，撕成大小适中的块状；香菇去蒂用水冲洗，稍加浸泡至软，切成两半；葱洗净切成粒。

C. 煮沸清水，放鸡、香菇和姜片，武火煮20分，转小火煲1小时，再放入金针菜和黑木耳煲半小时，撒入葱粒，放食盐调味即成。

3）特点　汤汁鲜美，菜味清香。

（2）山药木耳鸡汤

1）材料　山药200克，大鸡腿2个，黑木耳20克，白醋、姜片、料酒、食盐、葱花适量。

2）做法

A. 山药刮皮，洗干净，滚刀切块，然后用水加点白醋泡起来待用；黑木耳泡发，洗净去根，撕成3厘米大小的单片备用。

B. 鸡腿肉切块，洗干净，等水烧开倒入鸡块，氽一下水，去血沫。

C. 锅重新放凉水，倒入鸡块，加姜片和一小匙料酒大火烧开转中火30分。然后倒入山药和黑木耳。

D. 大火烧开，中火维持20分；山药可以用筷子扎透，加食盐和葱花起锅。

3）特点　原汁原味，健脾养胃。

（3）山药木耳胡萝卜汤

1）原料　山药100克，黑木耳20克，胡萝卜100克，红、黄、绿彩椒各1个，猪骨头高汤适量，料酒、葱、姜、食盐、麻油适量。

2）做法

A. 山药洗净，放入沸水中煮 3 分去皮后切成滚刀块，入清水漂洗干净。

B. 胡萝卜洗净切成滚刀块；彩椒切成 2 厘米见方的小块。

C. 黑木耳提前 3 小时冷水泡发后，去根洗净，撕成 3 厘米大小的单片。

D. 砂锅内放入少量清水，山药块、胡萝卜块、黑木耳、少许料酒、葱末和姜末用旺火烧沸。

E. 放入猪骨头高汤改小火炖 20 分；山药、胡萝卜断生后，放入彩椒块、食盐炖至山药、胡萝卜熟烂，淋上几滴麻油即可。

3）特点　清雅美味，营养健康。

（4）消脂番茄木耳豆腐汤

1）原料　黑木耳 50 克，番茄 300 克，豆腐 100 克，生姜 3 克，胡椒粉、食盐、鸡精、上汤适量。

2）做法

A. 黑木耳泡发后，洗净撕成小块，放入开水中煮 5 分，捞起过水；番茄洗净，切去蒂部，再改刀切成小块；嫩豆腐切 1 厘米小粒，放入开水中煮 2 分捞起；姜切成薄片。

B. 放植物油 1 汤匙，入姜爆香，下番茄块翻炒；加入上汤 1 000 毫升煮开，放入黑木耳和嫩豆腐，加入胡椒粉煮 10 分，加入食盐和鸡精即成。

3）特点　清热润燥，消脂减肥。

（5）番茄木耳蛋花汤

1）原料　番茄 100 克，黑木耳 20 克，鸡蛋 2 只，食盐、鸡精、麻油适量。

2）做法

A. 番茄洗净去蒂，切成月牙状；黑木耳发好，洗净去根，撕成小片。

B. 锅里放少许油，油热后放入番茄炒大约 3 分，加水约 1 000 毫升。

C. 水开后，放入木耳，文火煮大约 5 分，将番茄充分煮烂。

D. 然后把鸡蛋打入碗里搅拌均匀，淋入锅里，略微搅拌，关火放食盐、鸡精、麻油调味。

3）特点　味道清淡，滋阴润燥。

（6）枸杞脊骨怀山药木耳汤

1）原料　猪脊骨 2 块，黑木耳 20 克，枸杞 20 克，大枣 10 颗，怀山药 50 克，姜片、食盐适量。

2）做法

A. 猪脊骨洗净，焯水去腥，加入冷水 1 500 毫升，加入姜片和大枣，大火烧开 15 分，改文火熬汤 30 分。

B. 熬出白色汤汁后加入黑木耳、枸杞一起煮 20 分；再加入山药煮 15 分，撒食盐，关火。

3）特点　益气健脾，滋阴降糖。

（7）黑木耳炖猪肝汤

1）原料　黑木耳 30 克，猪肝 300 克，生姜 5 克，大枣 2 颗，食盐少许。

2）做法

A. 先将黑木耳用清水发透，洗净去根，撕片备用。

B. 猪肝用水洗净，切5毫米薄片；生姜用水洗净，刮皮切片；大枣用水洗净，去核备用。

C. 汤煲内加入适量清水，猛火烧开，放入黑木耳、生姜和大枣；中火煲30分左右，再加入猪肝；等猪肝熟透，便可加食盐调味，关火出锅。

3）特点　补气益血，老少皆宜。

（8）黑木耳瘦肉大枣汤

1）原料　猪瘦肉300克，黑木耳30克，大枣20颗，生抽、姜片、葱段、蒜瓣、味精、食盐适量。

2）做法

A. 猪瘦肉洗净切5毫米薄片，加姜片、生抽调味腌制10分。

B. 先将黑木耳用清水发透，洗净去根，撕片备用；大枣用水洗净，去核备用。

C. 锅内凉水，放入黑木耳、大枣煮沸，改文火炖20分，放入瘦猪肉片炖熟，加入味精、食盐即可。

3）特点　活血润燥，清肤除斑。

（9）木耳三七煲瘦肉汤

1）原料　猪瘦肉200克，黑木耳20克，三七10克，黑枣5颗，陈皮5克，姜片8克，食盐、米酒适量。

2）做法

A. 猪瘦肉洗净，切成1.5厘米方块；将肉块放入滚水中汆烫约1分后取出、过凉。

B. 黑木耳提前1小时泡发，洗净去根，撕成小块；三七洗净后打碎；陈皮用清水浸洗干净；大枣洗净后，去核备用。

C. 瓦煲内加入适量清水，放入处理过的肉块，先用武火煲至水滚；加入三七、陈皮、黑枣、黑木耳块、姜片等食材。

D. 煲内水再次沸腾，改用中火煲60分左右。依各自好恶，酌情加食盐调味，最后加入米酒即可。

3）特点　降脂润肺，补气活血。

（10）黑木耳大枣汤

1）原料　猪里脊肉100克，黑木耳20克，大枣8颗，生姜5片，料酒、食盐适量。

2）做法

A. 先将猪里脊肉洗净切成5毫米细丝；黑木耳泡发后去掉根部，洗净，也切成粗丝；枣洗净切成两半，去掉枣核。

B. 锅中放凉水，把猪里脊肉丝、黑木耳丝、大枣、姜片一起放入锅中，加料酒，用大火烧开，再转小火炖30分。

C. 用勺撇去汤表面的浮沫，然后加食盐调味即可。

3）特点　补血益气，养胃健脾。

（11）冬瓜木耳虾仁羹

1）原料　冬瓜400克，木耳50克，鸡蛋1～2个，沙虾100克，葱、姜、蒜、食盐、鸡精、料酒、麻油、油、马蹄粉、胡椒粉适量。

2）做法

A. 冬瓜洗干净，去皮切1厘米小粒；黑木耳泡发洗净，去根撕片；沙虾急冻半小时，泡水解冻后去头壳、虾线，加入少许油、料酒、食盐、胡椒粉搅拌均匀腌半小时；鸡蛋打入碗中备用；葱、姜、蒜切碎；小半碗马蹄粉加水搅拌均匀预备勾芡。

B. 虾头下油锅，加姜末、少许料酒爆炒片刻，加水或上汤中小火熬出味，过滤取虾头汤备用。

C. 姜、蒜爆香油锅，下冬瓜爆炒片刻，加入虾头汤煮开，加入黑木耳煮 5 ~ 10 分。

D. 放入腌好的虾仁煮 3 分左右，加适量的鸡精、食盐、胡椒粉调味。

E. 加入鸡蛋快速搅散后，马蹄粉勾芡，撒葱花，麻油搅拌均匀即可。

3）特点　味鲜性凉，消热解毒。

（12）玉米冬瓜木耳龙骨汤

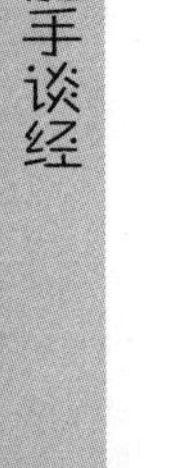

1）原料　冬瓜 250 克，龙骨 300 克，玉米 2 根，黑木耳 20 克、食盐适量。

2）做法

A. 冬瓜去皮洗净，切成 1 厘米厚片；龙骨洗净，焯水去腥；玉米棒洗净切 3 厘米长段；黑木耳泡发洗净，去根撕片。

B. 锅内清水下入龙骨，大火烧开 20 分，放入玉米和黑木耳。

C. 锅水再开，转中小火煲 40 分后，放入冬瓜，再煲 40 分；放食盐调味即成。

3）特点　清热生津，清淡减肥。

（13）玉米木耳蹄膀汤

1）原料　带皮蹄膀 300 克，鲜嫩玉米 2 根，木耳 20 克，食盐、鸡精、料酒、姜、粉丝适量。

2)做法

A. 蹄膀洗净后入沸水，放料酒、姜煮半小时去血水、血沫。

B. 玉米棒洗净切3厘米段；黑木耳泡发洗净，去根撕片。

C. 取压力锅，加水浸没蹄膀，加入料酒、姜片，玉米段压制约20分。

D. 待锅内压力降到0℃后开盖，从高压锅倒入汤锅中，放入泡发的木耳、粉丝、食盐，煮5分，放入鸡精调味即可。

3)特点　肥而不腻，养颜美容。

(14)木耳鸡汤

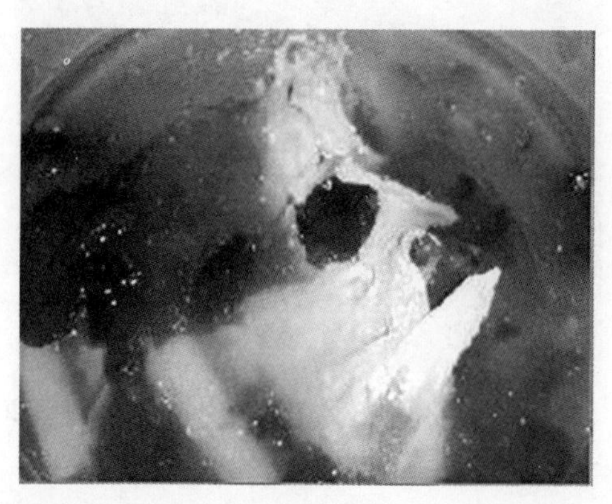

1)原料　生鲜老鸡300克，木耳30克，枸杞20克，葱白段、姜、食盐适量。

2)做法

A. 黑木耳提前1小时泡发，洗净去根，撕成小块；枸杞用清水洗净；鸡肉洗净斩块，先焯水去腥，撇去浮沫，捞出备用。

B. 锅内清水下入鸡块，大火烧开20分，放入木耳、枸杞、姜片。

C. 大火煲炖10分后，转中小火再煲30分，放入葱白，再煲10分；放食盐关火。

3)特点　温中补脾、益气养血。

(15)木耳蒸蛋

1)原料　木耳2朵，鸡蛋2个，枸杞10粒，食盐、麻油、鸡精、葱适量。

2)做法

A. 黑木耳泡发，洗净去杂，切成碎末；枸杞洗净，用开水浸泡5分，捞出备用。

B. 鸡蛋放碗内打散，加少许食盐，对入2~3倍的温开水搅拌均匀；将切碎的木耳放入蛋液中搅匀。

C. 蒸锅内水烧开以后,把制好的蛋液放上蒸隔,转小火,锅盖一定要留 1 厘米宽小缝隙。

D. 蒸 10 ~15 分,撒上葱花,滴上几滴麻油,摆上枸杞点缀即成。

3)特点　补血养颜,有益身心。

(16)黄花菜木耳鸡蛋羹

1)原料　鸡蛋 2 个,水发木耳 20 克,黄花菜 10 克,猪肉丝 20 克,葱、淀粉、植物油、料酒、白糖、花椒粉、食盐、蚝油适量。

2)做法

A. 肉、水发木耳、黄花菜、葱切成末备用。

B. 鸡蛋入碗打散,加温开水入蒸锅蒸熟备用。

C. 锅油烧至四成热,葱、花椒粉爆锅,肉末下锅炒匀,再将黄花菜、木耳入锅翻炒。

D. 加糖,淋入少许清水煮 1 分,加入蚝油、淋水淀粉起锅;将做好的卤汁倒在鸡蛋羹上即可。

3)特点　增加食欲,健脑益智。

(17)木耳海螺汤

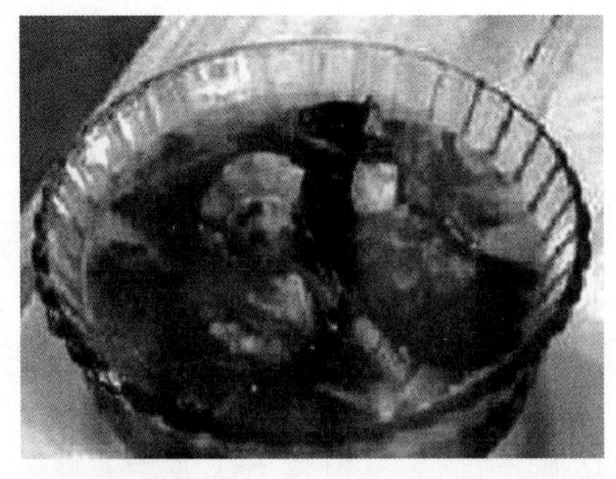

1)原料　水发木耳 50 克,鲜海螺 3 只,黄瓜 100 克,香菜末、食盐、鸡精、料酒、鸡汤、鸡油适量。

2）做法

A. 将泡发的黑木耳洗净，切碎；黄瓜切成片后，分别焯水，放入器皿中备用。

B. 将海螺砸壳取肉，用开水焯烫 1 分，洗净去内脏，再改刀切成片。

C. 坐锅点火放入鸡汤，开锅后放入海螺肉、木耳、料酒；再次开锅后撇去浮沫，加入食盐、鸡精，撒上香菜末，点入鸡油即可。

3）特点　汤鲜味美，营养丰富。

（18）木耳青菜鸡蛋汤

1）原料　黑木耳 10 克，小青菜 250 克，鸡蛋 2 个，食盐、鸡精、麻油适量。

2）做法

A. 黑木耳充分泡发，洗净去根，撕成小片；小青菜洗净，掰成单叶；鸡蛋打散。

B. 汤锅加水烧开，放入木耳和青菜煮 1 分，接着将蛋液倒入锅内，边倒鸡蛋液边搅拌。

C. 烧开后加食盐调味；关火后加入鸡精，淋上麻油即可。

3）特点　鲜香诱人，增进食欲。

4. 黑木耳小吃、面点系列

（1）香菇木耳焖饭

1）原料　黑木耳 20 克，大米 100 克，香菇 20 克，食盐、鸡精、油、黑胡椒适量。

2）做法

A. 黑木耳和香菇用温水泡发 2 ~ 3 个小时，处理干净后将香菇切成 3 毫米的小丁，黑木耳切成末。

B. 将大米洗净，放入电饭煲里蒸熟。

C. 炒锅中倒油少许，油四成热时，放入香菇丁和黑木耳末炒熟，加入适量食盐和鸡精。

D. 把蒸熟的米饭与炒好的香菇丁、木耳末放锅内混匀，加入适量食盐和黑胡椒粉，拌匀。

E. 把拌好的饭放入电饭煲里焖 5 分即成。

3）特点　清淡爽口，健脾补血。

（2）豆腐木耳猪肉圆

1）原料　黑木耳 100 克，北豆腐 500 克，猪五花肉 100 克，鸡蛋 1 个，料酒、白糖、生抽、食盐、胡椒粉、麻油适量。

2）做法

A. 猪五花肉洗净，乱刀剁为肉糜；加入料酒、白糖、生抽和胡椒粉腌制 10 分。

B. 黑木耳泡发 3 小时，洗净去杂，切成碎末。

C. 豆腐用手捏碎，放入剁好的猪肉和木耳，打入 1 个鸡蛋，放入食盐和麻油，搅拌均匀，团成丸子状。

D. 冷锅热油，小火，把制好的丸子放入锅中煎至两面金黄即可。

3）特点　外焦里嫩，香糯适口。

（3）黑木耳露

1）原料　黑木耳 40 克，大枣 15 颗，生姜 10 克。

2）做法

A. 黑木耳充分泡发，洗净去蒂，切成细丝；生姜切薄片。

B. 黑木耳丝、姜片、大枣放入 3 000 毫升水里同煮。

C. 水沸之后，改小火再煮 30 分，冷却。

D. 将黑木耳丝捞出，用果汁机打碎；放回锅里小火熬煮 1 小时即成。

3）特点　清凉爽滑，排毒养颜。

（4）鸡蓉木耳香葱粥

1）原料　泡发黑木耳 50 克，鸡蓉 20 克，大米 100 克，麻油、香葱、海米、鸡精、食盐适量。

2）做法

A. 泡发黑木耳洗净去根，切成碎末；香葱切碎；鸡蓉加食盐、鸡精、碎葱调味腌制。

B. 炒锅放少许麻油烧热，倒入腌制好的鸡蓉，接着下入木耳和海米翻炒，加水 100 毫升，烧热关火。

C. 电饭锅里放入 1 000 毫升清水，将炒锅内的食材倒进电饭锅，通电加热至水沸，放入大米开始煮粥 30 分。

D. 煮到米粒开花，汤汁黏稠，撒上香葱出锅。

3）特点　咸香鲜美，益胃养身。

（5）木耳山楂粥

1）原料　黑木耳 10 克，山楂 30 克，大米 50 克。

2）做法

A. 将木耳泡发，洗净切丝；大米淘洗干净；山楂洗净，去核切丁备用。

B. 锅中加 1 000 毫升水，把木耳丝倒进去，中火烧开后，把淘洗好的大米放进锅里。

C. 再次煮开后，改小火煮 20 分，倒入切好的山楂丁。

D. 用勺子不停地搅拌，煮制 10 分，使粥变稠停火，出锅。

3）特点　酸甜爽口，开胃健脾。

参考文献

[1] 王波,甘炳成.图说黑木耳高效栽培关键技术[M].北京:金盾出版社,2008.9.
[2] 胡公洛,张志勇,杜晓民.食用菌病虫害防治原理与方法[M].北京:中国统计出版社,1993.3.
[3] 张建忠,崔德芳等. 优质黑木耳栽培技术[M].太原:山西科学技术出版社,2009.1.
[4] 周进,刘祖泉,李怡.黑木耳大田全光栽培技术[J].食用菌,2010年01期.
[5] 丁湖广.黑木耳长耳阶段怎样管理(四)[N].福建科技报,2006年.
[6] 刘晓龙.黑木耳菌袋扎眼常见问题及解决办法[N].吉林农村报,2009年.